数字化油藏研究理念与实践

——大型一体化油气藏研究与决策支持系统(RDMS)

石玉江　王　娟　程启贵　杨　傽　等著

U0333914

石油工业出版社

内 容 提 要

本书是我国首部全面论述构建数字化油气藏研究系统及其应用的专著，立足一体化研究、多学科协同，以油气藏数据链技术——面向应用的数据集成服务为核心，结合具体的业务场景，全面阐述了长庆油田企业级"大科研"平台 RDMS 建设理念、方法技术与应用成效。

本书由油田具体负责 RDMS 建设的项目团队编写，内容体系完整，具有很强的针对性和实践性，可作为油田从事科技管理、信息化建设和地质科研人员的培训教材，亦可作为石油院校、地质院校广大师生的教学参考书，以及 IT 企业界从事数字化油田建设、管理及运维人员的参考书。

图书在版编目(CIP)数据

数字化油藏研究理念与实践：大型一体化油气藏研究与决策支持系统：RDMS/石玉江等著 . —北京：石油工业出版社，2020. 2

ISBN 978-7-5183-3752-1

Ⅰ. ①数… Ⅱ. ①石… Ⅲ. ①数字化-应用-油气藏-研究 Ⅳ. ①P618. 13-39

中国版本图书馆 CIP 数据核字(2019)第 251452 号

出版发行：石油工业出版社

　　　　　（北京市安定门外安华里 2 区 1 号楼　100011）

　　　　网　址：www. petropub. com

　　　　编辑部：(010)64523535

　　　　图书营销中心：(010)64523633

经　　销：全国新华书店

印　　刷：北京中石油彩色印刷有限责任公司

2020 年 2 月第 1 版　2020 年 2 月第 1 次印刷

787×1092 毫米　开本：1/16　印张：10.75

字数：255 千字

定价：90.00 元

《数字化油藏研究理念与实践》
编　写　组

主　编：石玉江　王　娟

副主编：程启贵　杨　倬

成　员：姚卫华　李　良　邹永玲　蔡少锋

　　　　陈　芳　魏红芳　焦　扬　梁鸿军

　　　　邓红梅　李　超　何右安　费世祥

　　　　苏建华　高　源　王卫娜　武　璠

　　　　薛　媛　梁立星　贾刘静

序

当今时代，以新一代信息技术为核心的第四次工业革命蓬勃发展，日益成为创新驱动发展的先导力量，各行各业正在经历一场深刻的"数字革命"，促进工业经济向数字经济转型。国际上不少油气公司都在加快数字化、网络化、智能化实践和创新，把新一代信息化技术作为企业提质增效、转型升级和创新发展的重要手段。

长庆油田作为当前国内最大的油气生产基地和天然气供应保障的枢纽中心，在保障国家能源安全、稳定油气市场供应方面肩负着重大使命。多年来，始终坚持把创新作为引领企业发展的第一推动力，以自主创新和数字化转型支持高质量发展。在 5000 万吨油气当量上产稳产的进程中，长庆油田高度重视数字化油田建设，历时 9 年多的持续攻关，构建了以数字化油气藏技术研究与经营管理决策支持系统（RDMS）为中心的产学研一体化的协同科技创新平台、盆地级数据服务中心、企业级协同共享平台及一体化油藏分析环境，形成了开放、共享、协同的新型科研工作方式和管理运行模式，不断提高了科研创新和服务生产的能力，很好地支撑了油田的高速发展战略。

数字化油藏系统建设是一项复杂的系统工程，为摆脱以往信息化建设以专业数据库建设为核心造成各类信息孤岛，以及业务流与数据流分离导致的信息系统难以有效支撑业务的问题，长庆油田提出了"业务驱动、数据整合、技术集成、自主研发"的建设原则；坚持业务流程与信息技术深度融合、业务流与数据流相统一的建设与应用模式，按照标准化设计、定制化开发、模块化封装的技术思路，引入高内聚低耦合的软件工程方法，按需求定制服务，形成以"数据驱动、云平台、微服务、自组织"为支撑的"线上紧致、线下宽松"的关联模式，做到了油气藏研究从数据、业务到岗位的全面一体化，实现了数字油藏理念在特大型油气田企业的落地和工业化应用，为数字油田建设探索出了一条新路，对油气上游勘探开发的数字化具有重要的指导意义和参考价值。

长庆油田数字化的基础非常扎实，在生产中得到广泛的实际应用，为进一步发展智慧油田打了很好的基础，期待长庆油田早日实现从数字油田到智慧油田的转型升级。

最后，祝贺《数字化油气藏研究理念与实践》这部著作出版，期望得到广大读者的欢迎！

中国工程院院士 韩大匡

2019 年 11 月 8 日于北京

前　言

进入 21 世纪以来，国际油气价格的巨幅震荡影响着全球经济的发展速度与进程，甚至控制着世界经济的走向。与此同时，以物联网、大数据、云计算、人工智能、5G 为核心的信息技术革命席卷全球，促进了新一代信息技术与经济社会各领域、各行业的深度融合和跨界发展，深刻改变着传统的工作、生活和思维方式，世界石油知名大公司都积极引入数字化技术来改造油气藏的经营管理方式。

中国石油长庆油田分公司为适应 5000 万吨级特大型低渗透致密油气田的建设和管理需要，率先转变信息化发展思路，提出了"用信息化带动工业化，实现传统油气田生产企业转型发展"的数字化建设规划，通过数字化改造企业信息传递、控制与反馈方式，重构生产操作、运行指挥和经营决策系统，优化劳动组织架构，实现"让数字说话、听数字指挥"，促进了企业生产组织方式、工作方式和管理方式的深度改革与全面创新。

油气勘探开发是技术密集、资金密集和多学科集成的产业，油气藏的研究与决策在勘探开发过程中处于基础地位，其质量水平对提高勘探开发效益具有先导性和全局性的影响。同时，油气藏研究具有典型的生产性科研工作特点：工作量大、时效性要求高；数据涉及专业类型多、综合性强；业务逻辑相对清楚、工作流程标准化程度较高；现场与室内协同互动要求高。上述特点高度契合网络信息技术的优势，通过信息技术来创新油气藏的科研工作方式和管理模式，实现一体化、协同化、实时化、可视化的油气藏研究，是提升油田科研工作质量和效率的必由之路。

长庆油田在建设企业级网络化"大科研"环境平台过程中，按照产品化理念，坚持"业务主导、数据整合、技术集成、自主研发"的建设原则，将现代油气勘探开发理念和先进信息技术深度融合，创新研发了油气藏数据链、专业软件接口、空间智能分析与油气藏可视化等关键核心技术，开发建成了大型一体化油气藏研究与决策支持系统（Reservoir Research & Decision-Making Supporting System ，RDMS），取得了适应长庆油田低渗透油气藏研究工作特点和管理决策模式的三大创新成果——盆地级数据服务中心、企业级协同共享平台、一体化油藏分析环境。目前，该成果已在长庆油田地质综合研究、现场生产管理、油气工艺分析等业务中得到全面应用，促进了科研工作方式从"人工+计算机辅助"向数字化、智能化升级，科研组织模式从小项目团队向自组织、全面协同共享转变，大幅度提升油气藏综合研究与决策管理的质量和效率，有效支撑了长庆油田 5000 万吨油气当量快速上产和持续稳产。

本书是对长庆油田 RDMS 系统开发建设与推广实践的经验总结。全书包括 8 章：第 1 章，主要从油气藏研究的特点、数字化油气藏研究的内涵分析出发，针对需要解决的关键问题，提出了主要建设目标及任务；第 2 章和第 3 章，针对油气藏数据的特点、管理现状及存在问题，创新提出了油气藏数据链技术，研究了油气藏数据整合、数据感知、数据可视化、数据关联应用等配套技术，探索建立了主数据驱动的数据建设与面向应用的数据服务方式；第 4 章，以油气藏勘探开发业务梳理与数据标准化为基础，构建了数字化油气藏研究与决策支持系统业务模型；第 5 章，主要研究了基于平面地质图件的地质图元导航、联动分析和快速智能成图等油气藏空间智能分析技术，构建了一体化的地质综合研究环境；第 6 章和第 7 章，系统论述了一体化协同研究环境和决策支持子系统建设与应用场景；第 8 章，总结了 RDMS 在油田勘探开发科研生产中的应用成效和未来发展前景。

在本书撰写过程中，石玉江、王娟对书稿总体架构做了整体设计，并制订了相应的写作标准。前言由石玉江编写，第 1 章由石玉江、王娟、杨倬、焦扬编写，第 2 章由王娟、李良、梁鸿军、邓红梅编写，第 3 章由石玉江、王娟、李良编写，第 4 章由程启贵、李超、何右安、费世祥编写，第 5 章由石玉江、姚卫华、蔡少锋编写，第 6 章由王娟、陈芳、苏建华编写，第 7 章由邹永玲、魏红芳、王卫娜、武璠、高源、贾刘静、梁立星编写，第 8 章由杨倬、薛媛编写，石玉江、杨倬负责全书统稿。

RDMS 系统是集体智慧的结晶，长庆油田 2010 年 8 月成立了以勘探开发研究院为主体的建设项目组，在项目攻关中长庆油田公司领导亲自参与顶层设计与组织建设，油田广大技术人员以及中油瑞飞、侏罗纪、石文等专业软件公司付出了辛勤劳动。在此谨向指导和参与系统建设的杨华、付锁堂、付金华、赵继勇、徐黎明等领导表示衷心感谢！2019 年 7 月中国工程院韩大匡院士到长庆油田考察 RDMS 建设与应用情况时，对系统建设成果给予了高度评价，认为 RDMS 基础数据扎实、系统功能实用，是信息化与勘探开发业务深度融合的应用典范，并亲自为本书撰写了序言，在此谨向韩大匡院士表示衷心的感谢！

本书编写过程中，参考引用了前人的研究成果，在参考文献中予以标注，如有疏漏，敬请及时联系指正。由于本书涉及的技术发展更新快，限于作者的学术水平，书中存在的不足，敬请读者提出宝贵意见。

目 录

第1章 目标与愿景

伴随着信息技术的飞速发展，信息技术与油气藏勘探开发和生产经营的深度融合，催生了数字油田、智慧油田，深刻改变了油气藏的勘探开发与管理模式。长庆油田积极探索并构建了数字化油气藏研究与决策支持系统（Reservoir Research & Decision - Making Supporting System，RDMS），提出了"建设大数据、开发大平台、构建大科研"的构想，通过打造一体化、协同化、实时化、可视化的科研决策支持系统，实现资源整合、团队协同、知识共享，以及研究、决策、管理与执行一体化，为建设现代化大油气田企业奠定基础。

1.1 油气藏研究的特点

油气藏是指具有统一压力系统和油气、油水或气水界面的单一圈闭中的油气聚集体，是石油和天然气在地壳中聚集的基本单元，具有高度复杂的动力学特征。油气藏的形成受控于多种成藏要素、多种成藏过程的综合作用，例如，地温场、地压场、地应力场的复杂作用；同时，在油气生成的地层中，石油和天然气初期呈分散状态，经过"生、储、盖、圈、运、保"的运动变化，形成可供勘探与开采的工业油气藏。随着油气藏勘探开发的不断进行，油、气、水在非均质储层中从静态开始流动，储层中的温度和压力系统出现不断变化的特性，使得油气开采变得十分复杂。

要对油气藏进行高效的勘探开发，不仅要对油气藏的形成和分布特征进行准确的描述，还需对油气藏在开发过程中的动态变化规律进行实时研究与把握。通常，油气藏研究的基本任务是：在油气勘探开发产生的各类数据及成果资料基础上，按照油气藏勘探开发的基本原理和原则，以实现科学的油气勘探开发为目标，对油气勘探与开发方案的技术细节及可行性做出技术与经济的综合性评估，优选油气藏工程的工艺技术与方法，为油气藏实施具体的工程与工艺技术措施提供解决方案，实现最大限度地降低油气藏勘探开发的成本与风险，在可控的生产安全环境中获取油气藏的最大经济效益。随着现代信息技术的不断进步，目前的油气藏研究具有高度数字化的特点。

1.1.1 油气藏研究是典型的"大数据应用"

大数据成为当前信息时代的主要社会和经济特征，其简洁定义就是规模比较大的数据，通常也称为巨量数据、海量数据，主要是指所涉及的数据量规模巨大到无法通过人工方法在合理的时间内截取、管理、处理并整理成为人们所能解读的信息。

（1）数据量大。

油气藏勘探开发是一项复杂的系统工程，是一个对油气藏认识、实践、再认识、再实践的循环过程，涉及多个学科、多个专业的协同工作。针对勘探阶段的物探、钻井、录井、测井、试油等生产环节的研究，直接的产品就是数据。比如，在开发阶段，必须对油井的各种生产数据进行采集整理，才能分析油气藏的变化特征，从而实现开采方案的不断优化，每天都会新增大量的数据，这些新数据也是科研及生产管理人员进一步研究的第一手资料——原始数据；在后续的各个生产过程中，依据研究及生产需要都要对这部分数据进一步分析、归类、提升及再处理，形成各种综合研究数据，如地震资料处理与解释成果、测井解释与有效厚度解释、各种平面和剖面地质图件、各种生产动态分析图表及三维油藏地质模型体数据等。此外，还包括研究过程中形成的各种工程措施设计方案、钻完井报告、措施评价和试油试采报告。随着新井的不断增加，为进一步研究油藏的变化特征，需结合原始数据对各类综合研究成果进行成果数据更新。所有这些动态研究的过程都是数据不断产生、不断累积的过程，通常都表现为一个几何级数的数据增长。

（2）数据复杂多样。

在油气藏研究与决策中，针对各种勘探开发、工程作业、管理等业务，均要产生类型繁多、体量庞大的数据。这些数据既有勘探开发、工程作业的原始数据，又有生产管理及运营中产生的派生数据，还有地质研究、工程设计中的中间数据，而且在不断地循环着数据的产生、复制、再加工过程。而且，这些数据分别属于地质、地球物理、石油工程等不同学科领域，具有结构化、半结构化、非结构化等不同格式，数据类型多样，表示形式繁杂。

例如，一个测井数据体文件，由基础数据、测井数据体和解释结果三种类型的数据组成，每一种类型的数据又由不同类别的数据项组成。测井数据体由测井图件数据、图件曲线索引表、综合解释成果数据表、有效厚度解释数据表、水淹层解释成果表、饱和度解释成果表、油气田单元信息、井数据、测井项目数据、解释项目数据、测井数据信息和测井图头信息等12种数据组成。

（3）数据时效性高。

在油气藏勘探开发的全过程中，通过先进传感器等设备实时采集、高速宽带信道传输数据到接收系统，需要大型数据处理器、多种应用软件及数据接口技术的协同工作，可以对数据进行快速处理及整合，生成满足油气藏研究与决策需求的可用数据，并通过一体化协同技术对可用数据进行实时的研究与决策，从而实现数据的高效快速应用。

比如，水平井钻井过程中，由于地质的非均质性及井眼轨迹的不断变化，钻井控制系统可将现场钻井、测井、录井数据进行实时跟踪及采集，远程传输到后端研究中心的水平井钻井监控中心，应用大型计算机和钻井优化系统快速优化出水平井的钻井轨迹参数和施工工艺参数，及时地返回传输到钻井现场的钻机控制系统，确保水平井的钻井轨迹得到及时、准确地修正。

1.1.2　油气藏研究是一个不断逼近客观的动态过程

人们对油气藏的认识受时间、空间尺度和技术手段的制约，具有间接性、有限性、多维多尺度性和不确定性，主要体现在研究人员对油气藏认识的局限性。例如，从岩心、钻孔、露头等资料可以了解油气藏的一些属性，但这只是触摸了油气藏的局部；从另一个维度，比如通过薄片观测或 CT 扫描等，了解油气藏内部储层孔喉特征、渗流机理等，而这种认识也只是小尺度、微观的方法；同时，油气藏也是不断运移和变化的，尤其是在进入开发阶段后，油气藏地下流体是不断运动和变化的，采用不同尺度、不同方法去表征油气藏的地质特点，其实也只是对它宏观的、抽象的或者片面的一个描述。

随着勘探开发等生产活动的不断展开，油气藏本身由静态转为显著的动态变化，油气藏原始储层状态及其压力、温度多参数的平衡被打破，油气水分布、压力状况、油层物性等都在发生变化。因此，针对油气藏的研究也是一个动态逼近客观的过程，主要表现在勘探开发的不同阶段，利用各类静态、动态资料，对油气藏构造、储层、流体等地质特征进行认识和评价，来确定不同时期油气存在的位置，以及在岩石孔隙中的分布状态，从而进一步判断油气藏是否具有开采价值，以及用何种方式去开采。整个研究过程类似于从写意画到工笔画，主要是通过不同时间尺度的资料来对油气藏地质特征进行刻画，其精度主要依赖资料丰富程度，如图 1.1 所示。

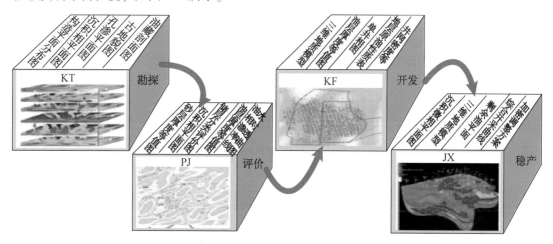

图 1.1　油气藏地质体刻画动态递进示意图

例如，在勘探阶段主要采用钻探井的方法，通过取岩心和测试油气层以证实油气藏是否存在，这一阶段的油气藏研究主要依靠的是探井的资料。如果横向上想要了解地层走向和储层连通情况，仅仅依靠个别井位上的钻井资料，并不能获得地层的完整剖面。同时，勘探初期井位少、井距较大、相对分散，在这种情况下形成的关于含油气层和它们的埋藏条件以及油气分布的概貌也是不完全的，只能根据不完全的或部分有限的资料和少数岩样进行判断，即使像油藏压力这样重要的参数，通常也没有完全可靠的资料。因此，根据钻井资料编制的关于油气藏构造的图件也不能达到完整的程度，而只能在某种程度上比较接近。随着勘探程度的不断加深，综合利用地震资料、钻探井资料就可以定性井间的地层岩性，定量构造起伏，在此基础上编制的油气藏构造图件也相对更接近客观实际。

1.2　数字化油气藏研究的内涵

数字化就是将许多复杂多变的信息转变为可以度量的数字、数据，再把它们转变为一系列二进制代码 0 和 1 表示的数字体，以这些数字、数据建立起适当的数字化数学模型，引入计算机系统，进行统一计算处理，形成可高速传输、实时提取的数字信息。为此，数字化油气藏的基本定义是指利用计算机、通信、网络、人工智能等技术，结合勘探开发多学科的理论方法和技术来表征油气藏的各种特征及其变化，认知油气藏的自然属性和开发中的变化规律。

数字化油气藏是数字油田建设以来发展起来的一个新兴的研究领域，可定义为以信息技术和数字技术为基础的油气藏研究过程与方式，为油田企业建立高效的数据应用体系与管理方法，并面向石油勘探、开发、地面建设等各生产环节，融合各类专业软件，建立多专业的综合业务体系。在建立油田生产和管理流程优化应用模型的基础上，利用信息技术对业务实现数字化、可视化和多维呈现的表达，为油田勘探开发提供良好的技术支撑。显然，数字化油气藏研究是系统思维、综合研究和相互协同、相互渗透等多种工作方式的具体实现。

1.2.1　系统思维

系统思维是一种分析变化过程的思维方式，取决于对包括内部和外部所有因素的一体化分析，这些因素对于事物的发展和最终结果具有影响作用。系统思维的精髓是集中精力于特殊的变化过程，而不局限于其中的各个组成部分，其基本原理主要体现在以下三个方面：

（1）认识变化的过程，而不是集中对于过程本身的各个单独部分；

（2）认识所有独立部分之间的相互关系，而不仅仅是把原因与结果简单地联系起来；

（3）集中精力了解事物的动态复杂性，而不是细节方面的静态复杂性认识。

在传统油气藏研究过程中，大多数研究人员只把注意力集中在一个单个的过程，例如勘探业务人员往往只关注自己负责的勘探、评价领域的一个时间段里的变化片段，没有把注意力集中在研究油气藏整体变化过程，得到的油气藏描述结果往往就会存在整体性的缺陷。系统思维是涵盖了事物所有过程的考虑，包括过去、现在，甚至未来，要求在油气藏研究过程中建立系统思维的理念，帮助研究人员深度掌握油气藏特征和规律性的认知。

1.2.2　综合研究

油气藏研究涉及勘探开发的全工艺流程、全系统的多专业领域，需要从综合、全面的角度来考虑。综合是一种基本的思维方法与工作理念，就是把分析对象和现象研究的各个部分、各个属性联合成一个统一的整体，把不同种类、不同性质的事物组合在一起，把不同和分散的元素或单元结合或协调成一个完整的、有机的整体。

对油气藏的研究涉及的学科、专业都非常多，甚至就单一学科及专业而言，都是一个非常复杂的综合问题。同时，综合也在不断变化，学科的综合就意味着构成这个学科所有专业的综合，需要涉及不同软件平台、不同数据资源的集合，而且这种各方面的综合又会产生新一层次的综合，这为深入开展油气藏研究提供了非常必要的思想方法。

当然，综合的油气藏研究也是由简单到复杂、不断深入的过程，面临的问题也是逐步递进的。首先，体现在油气藏的资料获取和综合应用等方面还存在准确性、精度、可靠度等问题，如地震资料的解释与处理过程中，存在人为干预，造成资料的不可靠性；其次，不同研究者的经历、学识、知识都是不同的，这对油气藏的研究也会造成影响；再次，针对现场与室内的油气藏研究，在不同专业之间，不同数据库与软件平台之间，都会带来一定的困难和问题。通常，在油气藏的初始研究过程中，往往从单一因素、单一资料出发，油气藏的复杂性不能充分显现出来。但是，随着油藏勘探开发的不断进行，油气藏资料的积累，就要考虑如何从传统的单一方法的油气藏研究转变为综合油气藏研究，也就是现在我们经常提到的一体化油气藏研究。

1.2.3 相互协同

协同是指元素对元素的相关能力，表现了元素在整体发展运行过程中协调与合作的性质。结构元素各自之间的协调、协作形成拉动效应，推动事物共同前进；同时，对事物双方或多方而言，协同的结果使个体获益，整体加强，共同发展。协同并不是新生事物，它是随人类社会的出现而出现，并随着人类社会的进步而发展的。随着信息技术的发展，"协同"有着更深的含义，不仅包括人与人之间的协作，也包括不同应用系统之间、不同数据资源之间、不同终端设备之间、不同应用情景之间、人与机器之间等全方位的协作。

石油工业是典型的专业综合、技术密集的行业，作为油气藏经营实体，油田公司必须加强多专业协作、缩短决策周期以应对越来越复杂的地质情况。传统的油气藏勘探开发管理体制是部门分割的管理体制，勘探开发信息化建设和油气藏开发项目研究的独立开展都不同程度地割裂了勘探与开发原本存在的有机联系，尤其是随着勘探和开发的对象从整装的构造油气藏向复杂的"低、深、难、杂"小油藏转移，这一问题也日益凸显。

随着信息技术的发展，针对油气勘探与生产的油气藏研究，将不同的学科、不同的专业团队组织起来的协同工作方式已经被公认为是一种最有效的一体化运行模式，有助于建立或创造一种全新的多维度、多尺度的全方位分析过程。由于油气勘探开发是极为复杂的过程，它包含地质学、地球物理、油藏工程、钻采工艺、地面工程等许多专业，而其中每一专业亦有自身的协同问题，因此，在油气藏研究与决策中不仅存在由各自不同专业、不同工作分支的协同问题，而且还存在不同专业文化背景、不同地域的研究人员行为之间的协同问题。

1.3 关键技术与问题

油气藏研究过程是对油气藏进行综合性、一体化的认识，以及判断、决策、再认识、再决策的复杂过程，也就是从各类基础资料的收集、整理和前人的研究成果开始，通过专业软件对数据的加工处理和研究人员的创造性思维，形成对油气藏的认识和勘探开发技术方案，然后将这些决策通过工程现场的实施后，反馈回结果并产生新的研究问题和数据，这些数据作为新的输入数据又开始一个新的循环。因此，从本质上来看油气藏开发是一个迭代式循环过程，如图1.2所示。

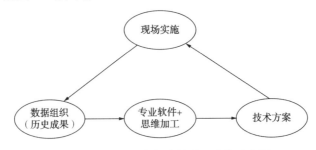

图1.2 油气藏研究与决策循环迭代示意图

要实现高效率的油气藏研究，必须解决好油气藏研究中迭代式循环面临的三大问题：一是如何实现多学科海量数据的高效组织和研究成果的共享；二是如何实现不同门类专业软件的集成应用，形成油气藏一体化研究环境；三是如何实现跨学科、跨部门、跨地域协同，做到研究、决策与执行各环节信息的实时反馈、良性互动。

1.3.1 数据整合与共享

随着油田信息化建设的不断推进，石油行业的数据不仅仅涉及学科众多、来源广泛，而且数据的格式也十分的复杂多样，从结构化、半结构化到非结构化，包括数值型、文本型、图片型、文档型等。随着油气藏勘探开发的不断深入，油藏数据信息增长迅速，以油气行业网络化与数据中心建设、盆地模拟和油藏数值模拟为代表的数据应用技术也在飞速发展，油气行业长期发展建设形成的数据积累已经成为具有现代特征的大数据，如何实现这些数据的整合和共享，成为数字化油气藏建设的关键问题之一。

数据整合是数据与数据之间重新组合后形成一个新的数据体的过程，其目的是为油气藏研究与决策提供信息查询和决策支持服务。为此，经过整合和集成处理后的油气藏数据必须保持数据的集成性、完整性、一致性。

（1）数据集成性，是将不同专业的数据、不同业务流程中的业务信息在数据整合、集成过程中，发掘出它们的内在逻辑联系，形成一个有机的、相互关联存储的整体。

（2）数据完整性，是在油气藏研究的各个业务流程中，提取其他相关的业务流程各个环节的具体数据，用以支撑本业务研究。由于专业数据库资源经常归属于不同的研究部门，甚至归属不同的专业公司，这些数据库的管理方式不一致，没有统一的规范和格式。因此，在保证数据完整性的基础上，必须设计出整合集成后的综合数据库的统一用户安全管理模式，来保障对原有数据源访问权限的隔离和控制。

（3）数据一致性，是在数据整合中屏蔽了各业务流程中不同数据的访问方式、存储格式等方面的差异，对数据的操作由异构数据整合系统统一进行。因此，整合后的异构数据对于不同油气田的研究人员来说是一致的，才能为数据的高速传输、高效应用打下基础。

1.3.2 专业软件集成

近年来，油气藏数字化描述技术发展迅速，用于油气藏描述及可视化表征的软件众多，特别是油气藏精细描述阶段的建模与数模软件种类多、功能强大。而且，由于油气藏精细描述软件的购置费用高，前期数据准备工作量大等原因，未得到普及应用，没有形成作业区、厂、研究单位的共享应用，软件的整体效能未得到最大限度的发挥。此外，较多的专业应用软件与数据源耦合紧密，不同软件之间的数据要实现共享、交换、转移往往比较困难。随着开发服务器运行软件的网络组件或数据接口，通过数据服务支撑较多的系统应用，油藏专业软件的网络化应用不断成熟，逐渐摒弃油藏项目研究各自重起炉灶、构建众多数据库、重复工作的落后研究模式。

基于专业软件集成的油气藏研究，是以勘探、评价、开发和生产等业务为驱动，依托可靠、高效的自动化工具、先进的数据模型、统一的数据标准以及可视化系统，通过开发各专业软件之间的接口工具，建立一体化研究和协同决策工作平台，将数据的采集、存储、管理、应用与业务、岗位、系统进行合理匹配、科学协同，实现各专业软件的集成应用，从而实现油气藏研究与决策的高效、高质量运行。

1.3.3 协同与互动

在油气藏勘探与评价、开发生产、稳产与提高采收率等四个阶段的研究中，以油气藏精细描述为核心的油气藏经营管理贯穿于油气藏开发的全过程，需要工程技术、地质研究、财务、环境保护等诸多专业及技术人员共同参与、协同工作，逐步形成对油气藏较为精准的认识，从而提高油气藏经营管理水平。这就要求建立一体化研究、多学科协同的工作平台，与生产组织方式相结合，实现数据流和业务流的统一，提高工作效率。

数字化油气藏研究协同工作的目标是实现多学科、多层次、多阶段业务的协作，其核心是畅通沟通渠道，打破部门、学科和时空壁垒，发挥多学科专家的智慧，最大限度发挥整体优势。从技术上讲，油气藏研究协同工作方式需要提供协同工作的数据环境，这个数据环境能够提供油气藏研究所需要的数据支持，能够实现多学科研究手段的协同，能够实现项目成果的全面共享；同时，要建立"一体化、多学科"信息化平台，实现勘探开发专业软件、数据库系统互联互通、项目成果全面管理与共享。

近年来，为了实现一体化油气藏研究与决策，国外石油公司都倾向于构建"项目制+项目数据库+大型一体化软件"的应用平台。但是，国内外石油公司在内在结构体系方面存在较大差异。首先，在业务组织模式上，国外是项目制，国内多数是部门制；在数据组织和软件应用方面，国外一般依托大型勘探开发一体化软件和项目数据库，实现了数据的全系统共享和业务流程标准化，在业务应用方面实现了"刚性一体化"，国内更多的是各类专业软件独立运行，虽然也引进了部分大型一体化软件，但组织模式上的条块分割和数据环境问题，很多未能全面投入运行，投入产出比较低，在业务应用方面尚属于"柔性一体化"。

从国外成功应用的经验来看，"项目制+项目数据库+大型一体化软件"的应用模式优势明显。但是，在国内受管理体制、技术条件、专业人才等多方面条件的制约，大面积推广这种模式的难度比较大。因此，结合国内管理和信息技术应用现状，需要因地制宜，探索新的实现方式。

1.4 RDMS 系统概述

"十一五"以来，长庆油田实现了持续快速发展，从2008年开始油气当量以年均$500×10^4$t左右的规模增长，2013年达到了$5195×10^4$t，如期建成"西部大庆"。在"西部大庆"建设过程中，长庆油田面对的作业范围横跨陕甘宁蒙晋等5省区，油田作业区域地理环境复杂，既有沙漠戈壁，也有黄土高原的沟壑纵横，交通条件恶劣，造成高度分散、点多、线长、面广，生产组织和管理难度大。此外，油藏的地质条件复杂，属于典型的"三低"油藏——渗透率低、地层压力低、产量低，油藏开发难度大、工作量大、成本高。

为适应建设和管理$5000×10^4$t特大型油田的需要，长庆油田提出了"标准化设计、模块化建设、数字化管理、市场化运作"的"四化"模式。积极探索信息化和工业化融合发展的新型工业化道路，大力研发数字化装备，全面推行数字化管理，推进传统石油工业转型升级，提出了"三端五系统"的数字化油田建设总体构架。其中，"三端"是指前端的油气生产物联网系统、中端的生产运行指挥系统、后端的油气藏研究与决策系统。在前端和中端建设中，实现了油田企业的"扁平化"管理，大大改变了油田企业的生产运行方式与管理模式，这就是"端对端""点对点"的管理，压缩了中间环节，提高了运行效率。

前端——油气生产物联网系统：以站(增压点、集气站、转油站、联合站、净化厂)为中心辐射到井，按照地面装备小型化、集成化、橇装化的技术思路，围绕"井、线、站"一体化和"供、注、配"一体化，研发油气井生产控制所需的系列配套装备，推广应用数字化新设备新工艺，实时采集井场生产数据、站内各生产设施的运行参数，实现油气井在线实时计量，油气井工况分析显示、异常工况报警，井场电器设备运行工况判断、远程启停控制，注水流量、压力监测和注水量远程设定，以及重要生产回路自动控制。实现对大漠深处、梁峁之间的数万口油气水井、上千座场站、几万台生产设备进行远程管理，把没有围墙的工厂转变为有围墙的工厂式管理。

中端——生产运行指挥系统：以基本集输单元运行管理为核心，以联合站(净化厂/处理厂)为中心，辐射到站(转油站、集气站)和外输管线，构成基本集输单元。涵盖生产指挥调度、安全环保监控、应急抢险等生产过程管理，侧重于生产运行、安全环保、应急指挥抢险等管理。主要利用前端生产管理系统采集的实时数据，以及与生产相关的管理数据，构建油气集输、安全环保、重点作业现场监控、应急抢险一体化为核心的生产指挥和安全预警系统。打破传统管理链条，改变生产信息流传递方式，构建生产运行、决策指挥的新方式，实现"让数字说话，听数字指挥"。

后端——油气藏研究与决策支持系统：以油气藏研究为核心，立足低渗透油气藏地质特点和工作实际，整合油田钻、录、测、试、油气生产、分析试验等各类数据资源，形成盆地级数据资源湖和服务型数据应用环境，从岗位研究、生产管理、动态分析、远程监控、专题业务等方面，研发油气藏数据链技术、空间智能分析技术、专业软件接口技术、在线分析工具和模型算法，开发"一体化研究，多学科协同"油气藏工作平台，构建跨学科、跨部门、跨地域的油田企业级"大科研"环境，促进全油田勘探开发科研、管理和生产现场不同层级资源整合、团队协同、知识共享，实现油气藏研究、管理与决策方式的数字化、网络化、智能化。

1.4.1　建设目标

　　长庆油田在总体数字化建设框架下，提出了建设油田企业级数字化"大科研"环境平台构想，核心是以油气藏研究为主线，通过现代信息技术与勘探开发业务深度融合，开发一套运行于油田内部网络环境的"一体化、协同化、实时化、可视化"油气藏研究与决策支持系统（Reservoir Research & Decision-Making Supporting System，RDMS），实现勘探开发不同业务阶段成果的传递、继承与共享，对油气藏进行实时监测、动态优化和及时调整，提升油气藏经营管理的科学化水平。RDMS 技术特点如图 1.3 所示。

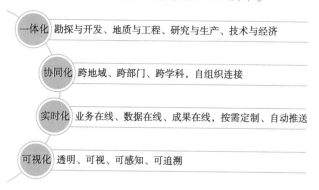

图 1.3　油气藏研究与决策支持系统 RDMS 技术特点

　　一体化：就是以共享油藏地质体模型为核心，将实际联系密切、人为分割的业务中的研究、生产、管理与决策等要素或单元组合成一个更加完整或协调的整体，实现针对油气藏的勘探与开发、地质与工程、研究与生产、技术与经济等工作过程相互融合、协调发展。

　　协同化：就是针对勘探开发的不同需求，利用信息化技术手段，提供一个高度灵活和可定制的工作环境，支持业务结构和组织模式的动态优化。同时建立高效的协作体系，实现分布在不同地域、不同部门、不同单位的人员、数据、软硬件等资源能够自组织连接，能够突破管理的各种屏障，使各种资源融会贯通。

　　实时化：就是应用信息技术将油田生产、研究、管理与决策涉及的业务逻辑、工作流程、模式方法标准化、定型化，实现在线的业务处理、数据获取和成果共享，通过按需定制和自动推送，减少中间流转环节，加快业务处理和效果反馈，实现质量和效率的同步提高。

　　可视化：就是利用计算机图形和图像处理技术，以图件、表格、曲线、多维模型等方式形象、直观地表征油气藏的静态属性和动态变化，实现油藏可视、可感知；同时利用 IT 系统实现油田勘探开发生产和科研管理的透明化，做到研究与生产过程的可追溯。

　　总体来说，油气藏研究与决策支持系统（RDMS）建设的目标就是建立"多学科、一体化"的油气藏研究平台，实现油气藏数据体网络化应用，不同领域多学科协同研究，不同层级科研机构异地协同工作，最终实现科研数据全油田共享，为油气藏综合研究、油气勘探开发生产决策提供辅助支持。在业务技术层面，需要达到以下三点：

（1）实现业务流与数据流的统一。

以油气藏研究为主线，建立工作标准流程，实现整个油气藏研究的协同工作，让研究人员能够从同一个通道，以统一的方式获取工作过程中所需的数据，同时也能够将自己岗位上产生的信息按照规范标准的要求实时录入系统中，及时共享出来供其他岗位使用，把工作流程、技术规范和对每个人的工作要求都体现在系统里，实现上下左右实时沟通，网上完成工作衔接、部署和检查，从而实现多学科海量数据的高效组织和研究成果的实时共享，如图1.4所示。

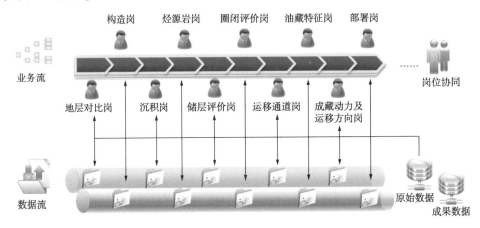

图1.4　业务流与数据流的统一

这是一种针对油气藏研究的实现业务与岗位结合、岗位与数据耦合的全新研究工作模式，最终体现业务流与数据流的统一。

（2）实现"点、线、面、体"数据快速提取与共享应用。

油气藏研究中具有丰富的"点、线、面、体"等数据形式，基本概念为：

点——油气井数据，包括钻井、测井、分析试验、产量数据等单井数据；

线——邻井成果数据，包括地震测线、油气藏剖面图等成果数据；

面——平面成果数据，包括沉积相图、砂体分布图、储层评价图等；

体——空间数据集合，应用专业模型软件形成的油气藏属性特征，例如油藏孔隙度三维模型。

RDMS系统能够高效组织与共享数据，不但使研究决策人员能够快速调用最新研究成果，确保研究成果的时效性；而且，还能使研究成果实现可视化的集成展现，极大地提高了油气藏勘探开发的研究效率。

（3）转变科研方式、提高效率。

协同研究，就是集合相关专业的人员开展同一课题的研究，并借鉴相关专家的研究成果，开展继承性、创新性的油藏研究。协同决策，就是多部门的领导及专家一起开展综合分析、专题研究等工作，共同讨论和确定油气井位部署、开发方案。远程协同，就是通过网络高清视频远程传输系统实现研究单位、采油厂、作业区同步进行分析与评价、讨论及互动决策，对重要工程的施工过程进行跟踪监控、分析等。

RDMS多学科多部门协同工作模式如图1.5所示。

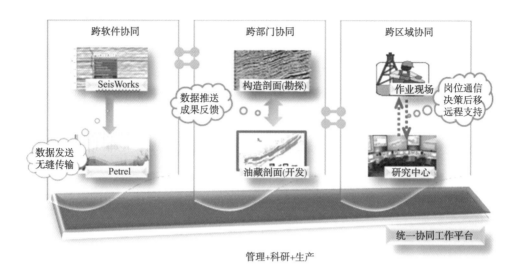

图 1.5　多学科多部门协同工作模式

1.4.2　技术架构

　　长庆油田 RDMS 系统通过九年的持续滚动式开发和迭代优化，系统架构经历了从"分散→集中→集成→云平台"的演进历程。RDMS 技术架构采用的是包括基础设施服务（IaaS）、平台服务（PaaS）、应用服务（SaaS）三种服务模式的云架构，如图 1.6 所示。这种技术架构可以解决企业之前数据库多、平台多、孤立应用多的"三多"问题，为企业提供统一数据库、统一服务环境、云端应用环境的技术保障。该系统架构具有以下优势：高可靠性。使用服务多副本容错、计算节点同构可以互换等措施来保障服务的高可靠性。通用性。不针对特定的应用，在"云"的支撑下可以构造出多种类型的应用，同一个云可以同时支撑不同的应用运行。高可扩展性。云的规模可以动态伸缩，满足应用和用户规模增长的需要。虚拟化。支持用户在任意位置、使用各种终端获取应用服务。所请求的资源来自云，而不是固定的有形的实体。应用在云中某处运行，但实际上用户无须了解，也不用担心应用运行的具体位置。

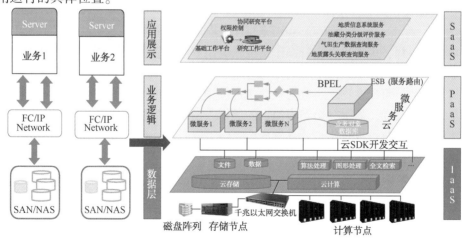

图 1.6　RDMS 系统技术架构

1.4.2.1 基础设施服务

基础设施服务(Infrastructure-as-a-Service，IaaS)提供给消费者的服务是对所有计算基础设施的利用，包括处理 CPU、内存、存储、网络和其他基本的计算资源，用户能够部署和运行任意软件，包括操作系统和应用程序。消费者不管理或控制任何云计算基础设施，但能控制操作系统的选择、存储空间、部署的应用。

RDMS 系统应用 VMware vSphere 平台构建了基础设施服务，实现了硬件资源弹性扩展、按需分配。vSphere 的两个核心组件是 VMware ESXi 和 VMware vCenter Server。ESXi 是用于创建和运行虚拟机的虚拟化平台。vCenter Server 是一个服务，充当连接到网络的 ESXi 主机的中心管理员。使用 vCenter Server，可以池化和管理多个主机的资源。RDMS 系统中的 IaaS 架构如图 1.7 所示。

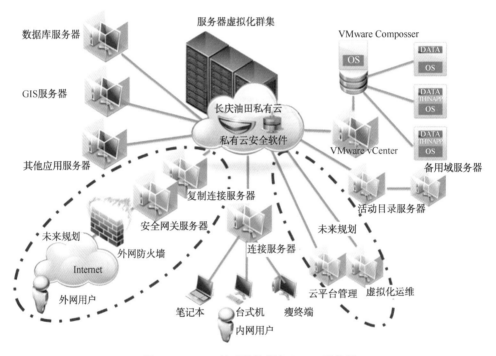

图 1.7　RDMS 基础设施服务(IaaS)架构图

与物理机一样，虚拟机是运行操作系统和应用程序的软件计算机。每个虚拟机包含自己的虚拟硬件，包括虚拟 CPU、内存、硬盘和网络接口卡，在一定程度上独立于基础物理硬件运行。例如，可以在物理主机间移动虚拟机，或者将虚拟机的虚拟磁盘从一种类型的存储移至另一种存储，而不会影响虚拟机的运行。由于虚拟机是从特定底层物理硬件解耦的，因此通过虚拟化可以将物理计算资源(如 CPU、内存、存储和网络)整合到资源池中，从而可以动态灵活地将这些资源池提供给虚拟机。

1.4.2.2 平台服务

平台服务(Platform-as-a-Service，PaaS)是指云环境中的应用基础设施服务，它能够提供企业进行定制化研发的中间件平台。PaaS 平台在云架构中位于中间层，其上层是 SaaS，其下层是 IaaS。PaaS 能将现有各种业务能力进行整合，具体可以归类为应用服务器、业务能力接入、业务引擎、业务开放平台，向下根据业务能力需要测算基础服务能力，通过 IaaS 提供的 API 调用硬件资源，向上提供业务调度中心服务，实时监控平台的各种资源，并将这些资源通过 API 开放给 SaaS 用户。基于 PaaS 平台可以快速开发自己所需要的服务，能更好地搭建基于 SOA 架构的企业应用。

RDMS 平台服务是基于基础设施服务应用容器、微服务、专业对象数据库等定制化研发的中间件，搭建一个具有统一标准、稳定运行、保障数据安全、支持水平扩展、处理大流量并发能力的分布式服务平台，在云端为 RDMS 应用提供服务，如图 1.8 所示。

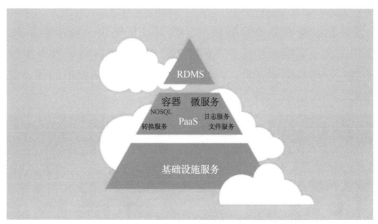

图 1.8　RDMS 平台服务（PasS）架构图

（1）容器技术。

RDMS 容器是可以独立运行微服务的容器引擎，使用的是沙箱机制，通过将微服务所需的框架进行封装，发布到服务器上运行，这种机制不需安装主机操作系统，可直接将容器层安装在主机上。在安装完容器层之后，就可以从系统可用计算资源当中分配容器实例了。容器可以看成一个装好了一组特定应用的虚拟机，它直接利用了宿主机的内核，抽象层比虚拟机更少，更加轻量化，启动速度极快。

相比于虚拟机先需要虚拟一个物理环境，然后构建一个完整的操作系统，再搭建一层运行时环境，然后供应用程序运行，容器拥有更高的资源使用效率。因为它并不需要为每个应用分配单独的操作系统——实例规模更小、创建和迁移速度也更快。这意味着相比于虚拟机，单个操作系统能够承载更多的容器。容器不像虚拟机那样同样对内核或者虚拟硬件进行打包，所以每套容器都拥有自己的隔离化用户空间，从而使得多套容器能够运行在同一主机系统之上。全部操作系统层级的架构都可实现跨容器共享，唯一需要独立构建的就是二进制文件与库。正因为如此，容器才拥有极为出色的轻量化特性。

容器通过镜像（Image）来创建，容器与镜像的关系类似于面向对象编程中的对象与类。镜像就是一个只读的模板，镜像可以用来创建容器，一个镜像可以创建很多容器。相比以前的单体结构，容器技术有以下几方面优势：

① 更快速的交付和部署。容器在整个开发周期都可以完美地实现快速交付。容器允许开发者在装有应用和服务本地容器做开发，直接集成到可持续开发流程中。

② 高效的部署和扩容。容器几乎可以在任意的平台上运行，包括物理机、虚拟机、公有云、私有云、个人电脑、服务器等。这种兼容性可以让用户把一个应用程序从一个平

台直接迁移到另外一个。

容器的兼容性和轻量特性可以很轻松地实现负载的动态管理。可以快速扩容或方便地下线应用和服务。

③ 更高的资源利用率。容器对系统资源的利用率很高，一台主机上可以同时运行数个容器。容器除运行其中应用外，基本不消耗额外的系统资源，使得应用的性能很高，同时系统的开销尽量小。传统虚拟机方式运行 10 个不同的应用就要启动 10 个虚拟机，而容器只需要启动 10 个隔离的应用即可。

（2）微服务技术。

RDMS 平台服务是以微服务形式提供的，微服务是使用一套小服务来封装业务或数据，每个微服务仅关注于完成一件任务并很好地完成该任务，将某件事情的复杂度控制在服务内部，服务之间隔离数据和逻辑，只以 API 形式协作，系统中的各个微服务可被独立部署，各个微服务之间是松耦合的，如图 1.9 所示。

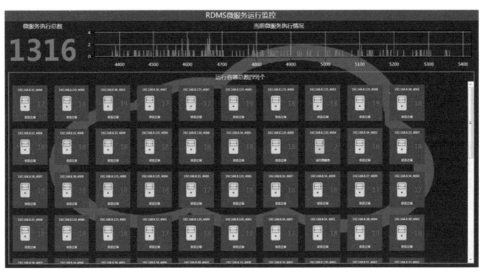

图 1.9　RDMS 微服务动态管理与运行监控界面

微服务的目的是有效地拆分应用，实现敏捷开发和部署。按照微服务的初衷，服务要按照业务的功能进行拆分，直到每个服务的功能和职责单一，甚至不可再拆分为止，以至于每个服务都能独立部署，扩容和缩容方便，能够有效地提高利用率。拆得越细，服务的耦合度越小，内聚性越好，越适合敏捷发布和上线。然而，拆得太细会导致系统的服务数量较多，相互依赖的关系较复杂，更重要的是根据康威定律，团队要响应系统的架构，每个微服务都要有相应的独立、自治的团队来维护，这也是一个不切实际的想法。因此，对微服务的拆分适可而止，原则是拆分到可以让使用方自由地编排底层的子服务来获得相应的组合服务即可，同时要考虑团队的建设及人员的数量和分配等。

微服务技术有以下特性：

① 系统由多个服务组成，每个服务有明确的边界。

② 服务独立开发、编译、部署、测试、发布，有独立工程、独立版本、接口契约化，进程隔离，由原来的"牵一发动全身"变为"牵一发动一发"。

③ 服务小且灵活，由一个 10 人以下团队全生命周期负责，团队的目标是负责产品的全生命周期，而不是负责一个短期的项目。

④ 技术中立，不要求服务的编程语言统一。不同服务可以采用不同的编程语言实现，有利于逐步引入新技术。

⑤ 智能服务端点和轻量级高性能通信机制。服务开发框架内置服务基本功能，如日志、度量、数据访问、输入校验、权限等，使得开发人员可以聚焦于业务服务的业务逻辑代码开发，降低了服务开发的门槛。

⑥ 服务无状态，服务自动弹性伸缩。服务的无状态通过业务逻辑与数据分离，数据、会话通过保存在数据库、缓存、对象存储等服务来实现；服务实例按需进行伸缩。

⑦ 静默升级。可以在用户无感知情况下实现服务的发布、更新。

⑧ 容错机制。任意服务节点失效、网络闪断等故障不影响业务正常运行。

⑨ 重用、组合已有的服务实现新的业务功能服务。业务应用在实现功能时，会调用已有的服务，实现自己的业务功能。

（3）业务对象数据库。

业务对象数据库 Nosql 的全称是 Not Only Sql，是一种非关系型数据库，相对于用来存储结构化信息的常规关系型数据库例如 Sqlserver，mysql 和 oracle 等，其存储方式、存储结构、存储规范、存储扩展、查询方式、读写性能能更好地应付超大规模、超大流量以及高并发的数据管理与业务处理，具体参数对比见表1.1。

表 1.1　业务对象数据库与关系型数据库参数对比

类别	业务对象数据库 Nosql	关系型数据库
存储方式	数据存储在数据集中，按块组合，类似文档、键值或者图结构	数据存储在表的行和列中，内部容易关联，提取数据方便
存储结构	对应于非结构化数据，基于动态结构可以很容易适应数据类型和结构的变化	对应结构化数据，数据表都预先定义了结构（列的定义），结构描述了数据的形式和内容
存储规范	数据存储在平面数据集中，单个数据库很少被分隔开，而是存储成了一个整体，这样整块数据更加便于读写	把数据分割为最小的关系表以避免重复，获得精简的空间利用，数据管理逻辑关系复杂
存储扩展	横向扩展，分布式的存储方式可以通过给资源池添加更多的普通数据库服务器来分担负载	纵向扩展，虽然有很大的扩展空间，但受制于计算机性能，扩展能力有限
查询方式	以块为单元操作数据，使用的是非结构化查询语言（UnQl），更简单更精确的数据访问模式	通过结构化查询语言 SQL 操作数据库，使用预定义优化方式（比如索引）来加快查询操作
读写性能	key-value 类型格式存储在内存中，对于数据一致性是弱要求的，无须 sql 的解析，读写效率高	为维护数据一致性牺牲性能代价，读写性能较差，在面对高并发读写和海量数据的时候效率低

RDMS 平台服务内搭建了智能业务对象数据库，如图 1.10 所示。它是一个高性能的键—值对（key-value）内存数据库，通过多个分布式部署的数据库节点组建一个数据库集

群，所有的节点都通过 TCP 连接和一个二进制协议建立通信。根据系统以往的应用情况分析，将数据查询执行慢的业务数据存储到内存中运行的业务对象数据库中，能够极大提高服务提供数据的运行效率。

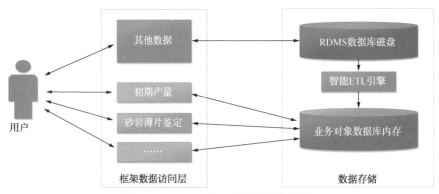

图 1.10　RDMS 业务对象数据库示例

RDMS 平台服务提供完整的编程工具、调试工具、部署工具，以及沙盒环境，构建了设计、开发、测试、发布的软件开发流水线，帮助开发者快速开发，提高效率，并且提供在线监控平台协助开发者了解自己程序的运行状况，做到了系统状态透明可感知。

1.4.2.3　应用服务（**Software-as-a-Service，SaaS**）

随着互联网技术的发展和应用软件的成熟，应用服务（Software-as-a-Service，SaaS）是在 21 世纪开始兴起的一种完全创新的软件应用模式，它与按需软件（On-demand Software），应用服务提供商（the Application Service Provider，ASP），托管软件（Hosted Software）具有相似的含义。它是一种通过互联网提供软件的模式，数据中心将应用软件统一部署在自己的服务器上，用户可以根据自己实际需求通过互联网获得厂商提供的服务。用户不用再购买软件，且无须对软件进行维护，数据中心会全权管理和维护软件。

RDMS 应用服务以托管服务的形式从虚拟化平台上交付丰富的个性化虚拟桌面，在云端独立管理操作系统、应用程序和用户数据，用户只需登录桌面即可使用所有系统功能，其结构如图 1.11 所示。

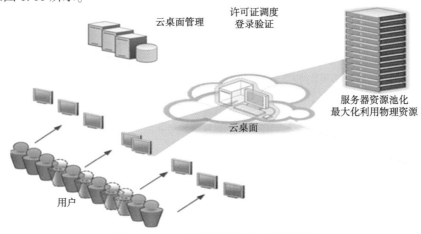

图 1.11　RDMS 应用服务（SaaS）结构图

1.4.3　建设内容

数字化油气藏研究与决策支持系统划分为数据层、数据链、支撑层和应用层4层结构，如图1.12所示。

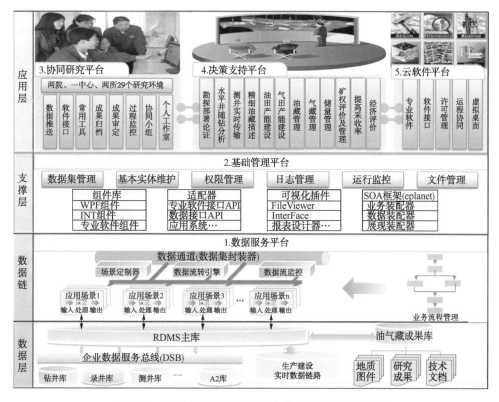

图1.12　数字化油气藏研究与决策支持系统功能架构

（1）数据层。

数据层是RDMS系统运行的基础，主要包括钻井、录井、测井、试油气、油气生产、分析化验等各专业库数据，生产建设实时数据和油气藏研究成果数据，其核心功能是通过企业数据服务总线（Data Service Bus，DSB）将多源、异构数据进行有效整合和集成，为数据链层提供基础数据服务。数据层包括了支撑系统运行的各类基础数据源，提供了结构化、半结构化及非结构化的各类多元、异构数据整合方法，如各种数据库连接方法（Oracle，SQL Server，MySQL，Access等）以及各种文件（EXCEL，TXT，CSV等）的读取方法，支持JDBC和JMS等协议。

（2）数据链层。

在数据层提供的数据服务基础上，按照应用主题将链节点连接为信息流转通道，并赋予相应的约束信息，在数据、成果与业务之间建立逻辑关联，快速提取各类动静态数据，构建面向不同应用的业务场景，屏蔽数据层各数据源的复杂性，为应用层提供可靠的数据透明传输服务，实现业务场景的复用。数据链层具有集成性、主动性、实时性和可追溯性等特点。数据层和数据链层共同构成数据服务平台，为支撑层及应用层提供无缝的基础数据服务。

（3）支撑层。

支撑层包括 IT 基础框架和系统中间件，通过封装集成组件库、适配器、可视化插件，面向应用场景提供数据交互、图形绘制、数据可视化服务及基础管理功能。一方面，支撑层将应用层的业务需求利用业务装配器进行封装，下发给数据链层，与业务场景进行匹配；另一方面，将数据链层提交的业务场景进行处理，并将处理结果提交给应用层。此外，支撑层还具有数据集管理、基本实体维护、权限管理、文件管理、日志管理等功能，为应用层提供面向应用的、可靠的服务。

（4）应用层。

应用层是油气藏研究与决策一系列应用场景的实现，是在业务逻辑服务框架的基础上，按业务需求及业务逻辑装配的一系列应用系统，如协同研究环境、决策支持子系统及专业软件等。应用层直接面向用户，主要解决信息处理和人机交互问题，为用户提供丰富的数据和业务功能服务，用户能够方便地在应用层上进行操作，如进行在线的油藏分析、重点工程远程监控、决策指挥等。

在 4 层架构基础上面向不同客户对象应用的功能需求，RDMS 系统建设内容主要包括 5 大平台开发：

① 基础管理平台。面向系统运行维护人员，为各应用场景的协同工作提供基础 IT 服务，包括数据集管理、基本实体维护、权限管理、日志管理等模块。

② 数据服务平台。采用油气藏数据链整合专业库结构化数据、现场实时数据和研究成果数据，面向研究岗位、地质单元、专业软件和专题应用场景提供数据推送服务。

③ 协同研究平台。面向研究人员，针对油气勘探、油藏评价、油气田开发、地球物理等不同业务岗位定制工作场景，为其提供便捷的数据组织、在线分析工具、成果归档审核、协同工作小组和项目研究环境定制等功能，是科研人员日常工作平台。

④ 决策支持平台。面向技术领导及技术专家，为多学科、一体化技术交流及方案决策提供环境，包括井位部署论证、勘探生产管理、油气藏动态分析、水平井地质导向、经济评价、矿权管理与储量管理等 16 个决策支持子系统。

⑤ 云软件平台。基于虚拟存储技术将勘探开发主流软件统一部署在云中心服务器，实现专业软件接口统一升级、许可动态调度和集中维护管理。

第 2 章　油气藏数据管理

油气藏数据涉及勘探开发过程中钻井、录井、测井、油气生产等不同阶段地质、工程、工艺等多专业领域的生产和研究成果，是石油企业的核心资产和勘探开发科研生产的基础资源。如何将这些种类繁多、数量巨大的数据进行集约化管理、高效利用是目前国内外各大石油公司共同面临的难题。油气藏数据的管理是围绕勘探开发的生命周期，通过数据整合、数据服务、数据治理为油气勘探开发综合研究和生产管理提供互连、互通、互操作的数据支撑。

2.1　油气藏数据

油气藏数据是描述地质体的"语言"，这些数据是对地下地层构造、砂体、储层、油井等的真实反映。在油田生产、管理中产生的各类数据，包括地质数据、工程数据、生产过程数据、设备资产数据、经营管理数据、地理人文数据等，均属于油气藏数据的范畴。

2.1.1　油气藏数据类型

油气藏数据可以从不同的标准及维度进行分类：

（1）按照业务应用划分。

按照业务应用划分，油气藏数据可以分为基础数据、生产过程数据和研究成果数据。

① 基础数据：是指科研人员进行地质研究所必需的基础资料，如油气井的基本信息、地质分层数据、测井综合解释数据、套管数据等。

② 生产过程数据：是指油气田在开展生产建设过程中产生的数据，主要是便于对生产过程、建设进度的有效管理，这些数据不作为最终归档的成果资料，如钻井日报、周报，试油班报、日报、周报，随钻录井、监督日志等。钻井日报数据见表 2.1。

③ 研究成果数据：主要是指科研人员开展油气藏综合研究产生的各类成果资料，包括图件、表格、实体数据和文档等。相对于下一步工作的需要来说，成果数据又是基础数据。

（2）按照数据格式划分。

按照数据格式划分，油气藏数据可分为结构化数据、半结构化数据和非结构化数据。

① 结构化数据：是指有标准结构的数据，通常是用有固定列的二维表格来逻辑表达，目前主要是以关系型数据库形式保存，主要包括测井、录井、试油气、分析化验等专业库数据，其特点是先有结构、再有数据。

表 2.1　钻井日报示例

序号	日报日期	钻井队号	开钻日期	完钻日期	完井日期	井深(m)实际	井深(m)日进尺	地层目的层	地层钻达	密度(g/cm³)	黏度(mPa·s)	失水(mL)	作业内容
1	2018/06/02	安塞毅博30006队	06.01	06.15	06.25	78	78	长8_1	第四系	1.03	35		(晴天)钻进、检修设备
2	2018/06/03					221	143			1.03	35		(阴天)表层候凝
3	2018/06/04					221	0		洛河组	1.03	35		(晴天)今二开验收
4	2018/06/05					221	0			1.03	35		(晴天)二开验收准备
5	2018/06/06					221	0			1.03	35		(晴天)今二开验收
6	2018/06/07					373	152			1.03	32		(晴天)钻进
7	2018/06/08					727	354		延6	1.03	32	8	(小雨)钻进
8	2018/06/09					1079	352		长2	1.25	48	5	(晴天)钻进
9	2018/06/10					1378	299		长4+5	1.25	51	5	(晴天)钻进
10	2018/06/11					1544	166		长7	1.25	52	5	(晴天)下钻拟取心
11	2018/06/12					1607	63			1.25	52	5	(晴天)钻进
12	2018/06/13					1663	56		长8	1.25	53	5	(晴天)起钻甩钻铤螺杆
13	2018/06/14					1773	110		长9	1.25	53	5	(晴天)钻进
14	2018/06/15					1930	157			1.25	53	5	(晴天)完钻起钻
15	2018/06/16					1930	0			1.25	53	5	(小雨)电测
16	2018/06/17					1930	0			1.25	53	5	(阴天)测井解释
17	2018/06/18					1930	0		长10	1.25	53	5	(晴天)井壁取心准备
18	2018/06/19					1930	0			1.25	53	5	(晴天)测井解释
19	2018/06/20					1930	0			1.25	53	5	(小雨)下套管准备
20	2018/06/21					1930	0			1.25	53	5	(晴天)下套管
21	2018/06/22					1930	0			1.25	53	5	(晴天)候凝
22	2018/06/23					1930	0			1.25	53	5	(晴天)候凝
23	2018/06/24					1930	0			1.25	53	5	(中雨)完井
24	2018/06/25					1930	0						

② 半结构化数据：是介于完全结构化和完全无结构的数据之间的数据，有一定的标准，数据内容和结构混在一起，如 HTML 和 XML 文档等。有固定格式或规范的 Excel 表格或文本文件也可以看作是半结构化数据，其特点是先有数据、再有结构。

③ 非结构化数据：是指没有固定格式、不方便用二维表保存的数据，一般以文件方式保存，包括各种图片、文档、声音视频等，其特点是有数据、无结构。

（3）按照存储量大小划分。

按照数据存储量的大小，油气藏数据可分为常规数据和大块数据。

① 常规数据：是指油气藏研究中常用的数据，通常是一些文字、数值、图片等，如基本信息、分层数据、岩心照片等。

② 大块数据：是指油气藏研究中部分数据占用的磁盘空间非常大，单个文件包含的数据内容很丰富，如地震数据体、三维地质模型、油藏数值模拟模型等，往往单个数据文件的大小就达到几个 GB（吉字节）。

（4）按照油气专业划分。

按照油气专业划分，油气藏数据可分为地震勘探数据、钻井数据、录井数据、测井数据、试油试气数据和油气生产数据等。

① 地震勘探数据：地震勘探是利用地下介质弹性和密度的差异，通过观测和分析人工地震产生的地震波在地下的传播规律，推断地下岩层的性质和形态的地球物理勘探方法。地震勘探过程由地震数据采集、数据处理和地震资料解释三个阶段组成，这三个阶段会产生原始数据、处理数据和解释成果数据，这些数据统称为地震数据。

② 钻井数据：钻井通常是指勘探或开发石油、天然气而钻凿井眼及大直径供水井的工程，每一口井的完成包括钻前工程、钻进工程和完井作业三个阶段，每个阶段都会产生各类钻井数据，如钻前周报、钻井日报、井斜数据、套管数据等。

③ 录井数据：录井是用岩矿分析、地球化学、地球物理等方法，观察、采集、收集、记录、分析随钻过程中的固体、液体、气体等井筒返出物信息，以此建立录井地质剖面、发现油气显示、评价油气层的过程。这一过程产生的数据叫录井数据。

④ 测井数据：测井是利用岩层的电化学特性、导电特性、声学特性、放射性等地球物理特性，测量地球物理参数的方法。测井分为裸眼测井、生产测井、成像测井等，主要测井数据有测井曲线、测井图、解释成果表、解释报告等形式。

⑤ 试油试气数据：试油试气就是将钻井、综合录井、电测所认识和评价的含油气层，通过射孔、替喷、诱喷、压裂等多种方式，使地层中的流体（包括油、气和水）进入井筒，流出地面。试油气完成后取得的地层流体的性质、各种流体的产量、地层压力以及流体流动过程中的压力变化等数据统称为试油试气数据。

⑥ 油气生产数据：油气生产是通过一系列可作用于油气藏的工程技术手段，使油、气流入井筒，并高效率地将其举升到地面进行分离和计量，其目标是经济有效地提高油井产量和原油采收率。油气生产中主要产生压力、温度、采油参数、产油（气）、含水率等数据，以及形成一系列生产报表，这类数据统称为油气生产数据。

2.1.2 油气藏数据特点

油气藏数据不是相互独立的数据，各种类型数据之间及数据与油气藏研究业务之间存在着空间和时间多维度的关联，其特征包括以下几个方面：

（1）多尺度、多维度。

对于描述油气藏、油气井的各类数据，为了不同的研究需要，其表示形式具有多尺度、多维度特征，采用不同的研究方法和技术，对地质体描述的分辨率不一致，结果不完全一样，例如对砂体的识别测井可以到厘米级，而岩心可以到达毫米级。同时地震数据分二维数据体和三维数据体，二维数据体经过处理得到一张地震剖面图，用于在长度和深度方向上显示地下构造情况，而三维数据体可以得到在三维空间上的地下构造形态，其信息量更丰富。类似地，对于地下储层的物性特征可以进行常规的岩心分析得到孔隙度、渗透率和饱和度，从另外一个尺度，用测井解释也可以获取储层孔隙度、渗透率和饱和度。实际上，油气藏数据就是对地下储层特征的多尺度、多维度描述。

（2）多源性。

多源性主要是指同一类数据产生的源头可能不一致，部门不一样、采集系统不一样、采集方法不一样，还包括多期次建设、多厂商技术、多数据库、多元化结构及多表格等构成的计算机数据的多源性。例如，孔隙度可以有不同分析实验单位的结果，亦可以通过测井解释得到。

（3）异构性。

异构（Heterogeneous）是指一种包含不同成分的特性。在油田信息化建设过程中，由于各业务系统建设和实施数据管理系统的阶段性、技术性及其他经济和人为因素等影响，导致油田企业在发展过程中积累了大量采用不同存储方式的业务数据，包括采用的数据管理系统也大不相同，从简单的文件数据库到复杂的网络数据库，它们构成了异构数据源。

油田数据的异构性主要表现在以下三个方面：

① 系统异构，即数据源所依赖的业务应用系统、数据库管理系统乃至操作系统之间的不同造成了系统异构。

② 模式异构，即数据源在存储模式上的不同。存储模式主要包括关系模式、对象模式、对象关系模式和文档嵌套模式等几种，其中关系模式（关系数据库）为主流存储模式。同时，即便是同一类存储模式，它们的模式结构可能也存在着差异。例如不同的关系数据管理系统的数据类型等方面并不是完全一致的，如 DB2，Oracle，Sybase，SQL Server 和 Foxpro 等。

③ 来源异构，即企业内部数据源和外部数据源之间的异构。

2.1.3 数据管理面临的问题

"十一五"以前，长庆油田的信息化建设主要是以企业内部互联网和跨平台技术为依托的专业数据库建设为主，基本建成了地质综合、工程技术、地理信息、电子档案、地震、测井、分析试验、矿权管理、油气藏动态分析等各类专题数据库，这些数据库主要作用是对钻井、录井、测井、采油等不同业务阶段各类数据的资产化管理，数据应用方面基本上依托各专业库自身应用系统，提供基础的数据录入、查询、下载等功能，见表2.2。在数据管理方面存在以下突出问题：

表 2.2 专业数据库管理现状

类别	数据库名称	维护单位	始建年份及公司	数据现状
专业数据库	1. 地震数据库	勘探开发研究院	2003 年, 斯伦贝谢	1.6 亿条
	2. 钻井数据库	油气工艺研究院	2003 年, 陕西河山	87516 口井 3066 万条记录
	3. 录井数据库	勘探部	2003 年, 陕西河山	90231 口井 8497 万条记录
	4. 测井数据库	勘探开发研究院	2003 年, 北京石大	96039 口井 1356 万条记录
	5. 试油数据库	油气工艺研究院	2003 年, 西部数据	81296 口井 70 万条记录
	6. 分析试验数据库	勘探开发研究院	2004 年, 红有软件	17052 口井 141 万条记录
股份级数据库	7. A1 数据库	信息管理部	2005 年, 兰德马克	116030 口井 5.1 亿条记录
	8. A2 数据库	勘探开发研究院	2006 年, 兰德马克	95451 口井 1.6 亿条记录
动态数据库	9. 油藏动态数据库	勘探开发研究院	2009 年, 凯博瑞	16 万条记录
	10. 气藏动态数据库	勘探开发研究院	2015 年, 凯博瑞	23 万条记录
静态数据库	11. 地质综合数据库	勘探开发研究院	2006 年, 陕西中地	75 万条记录
	12. 数字档案库	勘探开发研究院	2007 年, 侏罗纪	73 万条记录 6T 文件
	13. 油田地理信息系统	勘探开发研究院	2007 年, 陕西中地	DLG \ DEM \ DOM 图 43 万幅
	14. 数字岩心库	勘探开发研究院	2006 年, 武汉博腾	1013 口井 65 万条记录
其他专业数据库	15. 储量数据库	勘探开发研究院	2013 年, 红有软件	3.5 万条记录
	16. 矿产区块评价与管理系统	勘探开发研究院	2009 年, 杭地所	3999 条记录
	17. 生产运行库	生产运行处	2005 年, 陕西中地	342 万条记录
	18. 勘探生产管理系统	勘探部	2009 年, 红有软件	22.5 万条记录

（1）数据库建设管理分散，缺乏整体规划，数据一致性差。

前期建设的专业数据库主要以信息专业为主导，数据流与业务流不统一，信息孤岛问题突出。部分专业数据库和业务脱节，数据建设缺乏统一规划，导致数据建设进展缓慢，管理软件各异，版本不同、物理上分布在不同部门，共享性差，见表2.2。甚至最基本的核心数据井信息，由于没有统一的井身份认证，每个专业数据库都有一套数据，如井坐标、完钻日期、层位数据不完全一致。

（2）缺乏完善的数据管理制度，数据时效性和完整性难以保证。

由于部分专业数据库缺乏完善的数据采集标准和运维管理配套制度体系，导致油气藏数据的管理分散、不连通，钻井、录井、试油气数据由施工单位结算时才提交数据，数据入库不及时；由各采油厂基层单位下发井位坐标的井未能及时录入基本信息和地质分层数据。科研人员在开展油气藏研究与决策中无法及时获取第一手生产资料和成果数据，数据的时效性和完整性难以保证。

（3）数据标准不完善，数据质检环节薄弱，数据质量无法保证。

各专业数据库的建设以业务单位为主，各自为政、小而全，导致同一数据项在不同专业库中重复建设，数据录入和数据监督协调工作量大，数据的跨专业交叉质检、逻辑判断无法实现。如录井数据库的油层浸泡终止时间应不大于钻井数据库中的最大注水泥时间，这个约束参数常常由于钻井与录井单位在选取参数时的不合理标定，导致数据处理结果不统一。

2.2　RDMS 数据管理技术

由于油气藏数据具有"数量大、类型多、变化快、时效性强"等特点，为了高效管理如此复杂的油气藏数据，需要通过数据感知、数据关联、数据可视化等技术，建立以业务应用驱动数据建设与管理的生态体系，以全面实现数据正常化。

2.2.1　数据感知自动更新

对于源数据更新时间固定、有规律的，采用 DBMS_ JOB 技术，如图 2.1 所示，设置任务执行时间间隔，定时从源表查找并读取变化的数据，并把数据提交到目标表。

图 2.1　定时任务更新数据

对于源数据更新变化不定时、无规律的，采用数据库触发器(Trigger)技术，当源表中的数据发生变化时，包括 insert，update 和 delete 等操作，触发器将自动对目标表执行相应操作。

触发器(Trigger)是 Oracle 提供给程序员和数据分析员来保证数据完整性的一种方法，经常用于加强数据的完整性约束和业务规则等。它是与表事件相关的特殊的存储过程，它的执行不是由程序调用，也不是手工启动，而是由事件来触发，比如当对一个表进行操作(插入、删除、更新)时就会激活它执行。

触发器可以查询其他表，还可以包含复杂的 SQL 语句，主要用于强制服从复杂的业务规则或要求。触发器也可用于强制引用完整性，以便在多个表中添加、更新或删除行时，保留在这些表之间所定义的关系，如图 2.2 所示。

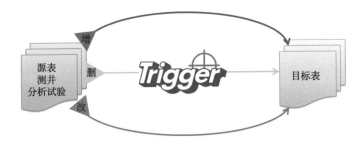

图 2.2　触发器更新数据

2.2.2　数据+模板快速成图

针对测井、录井曲线中图像元素多、图幅长，成图时容易出现刷新速度慢、图像重叠和闪烁等现象，采用 GDI+双缓冲绘图及局部重绘技术，实现大幅矢量图连续滚动显示。

利用 GDI+双缓冲绘图技术，先把测井图形用内存设备环境 DC 绘制在与显示兼容的位图中，然后从内存环境把图形复制到屏幕客户区。这样，在图形绘制到屏幕之前，已经将图形绘制在位图中，然后直接复制到屏幕上，实现以屏幕为单位绘图，从而消除闪烁。其工作原理如图 2.3 所示。

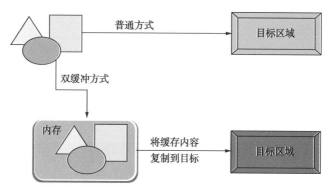

图 2.3　GDI+双缓冲绘图原理示意图

局部重绘技术只刷新当前屏幕的方法是指每次滚动都根据当前滚动条的位置，计算屏幕应该显示图形的那部分，然后在内存中绘出图形，并拷贝到当前屏幕客户区。这种方法每次只需要绘制当前屏幕客户区一样大小的图形，一方面，减少了每次滚动时绘图的数据量，提高了绘图速度；另一方面，由于只绘制和屏幕一样大小的图形，所以占用的内存也小了，提高了绘图效率。局部重绘原理示意图如图 2.4 所示。

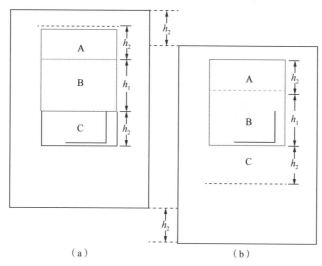

（a）　　　　　　　　　（b）

图 2.4　局部重绘原理示意图

发挥多核 CPU 的处理能力，利用多线程（Thread）运算技术，由主线程读取源数据，转换为绘图数据包，根据曲线道数启动多个独立子线程，同时执行绘图任务，从而提高成图效率。多线程同时执行任务示意图如图 2.5 所示。

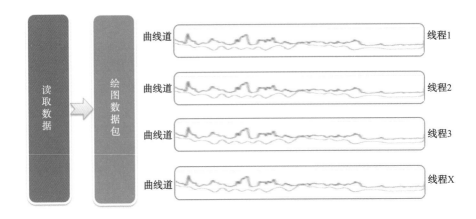

图 2.5　多线程同时执行任务示意图

在岩性剖面成图过程中，对岩性名称进行解析映射，在符号图元库中获取对应矢量符号，最后利用 DataTemplate 技术设置绘图控件的显示布局，实现成图区域的快速填充。DataTemplate 技术应用过程如图 2.6 所示。

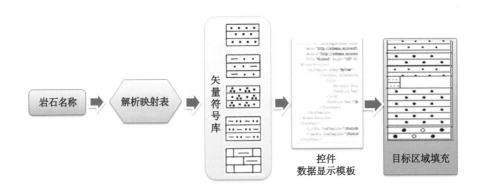

图 2.6　采用 DataTemplate 技术实现岩性剖面绘制示意图

2.2.3　位图格式数据定位关联

位图图像（Bitmap），也称为点阵图像或绘制图像，是由像素点组成的。只要有足够多的不同色彩的像素，就可以制作出色彩丰富的图像，逼真地表现自然界的景象。油气井的位图图像如测井蓝图、录井综合图等通过在位图上添加两个矫正点，建立起图像位置与实际深度的映射关系，实现了在深度域方向井筒数据的关联与导航，如测井蓝图关联分层、岩心、试油、分析试验等数据的综合应用。深度映射数据导航技术思路如图 2.7 所示。

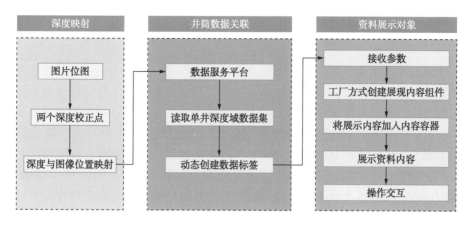

图 2.7　深度映射数据导航技术思路

2.2.4　文档 Web 浏览

针对高分辨率大尺寸图片的网页展示，采用 Deep Room 图片碎化展示技术，简单地说，Deep Room 技术就是能让你查看很大的一幅图片但仅仅将当前显示在你屏幕上的部分发送到你的浏览器里。你也可以对图片进行平滑的缩放和平铺。这就像是在线地图将一副很大的图片划分成很多很小的平铺的图片，然后将那些你正在查看的发送到你的屏幕上。其原理是将原图像进行多分辨率图像切片，在图像加载时，分小块读取低分辨率版本，然后根据显示区域读取需要的小块图像，实现大图像的高帧速率和快速打开。比如在 RDMS 平台查看测井蓝图、成像测井图时应用的就是该项技术。

对于通用文档格式 PDF，DOC，XLS 和 PPT 等，应用 SilverDox SDK 开发包，快速完成文件的格式转换，提高文档在线浏览效率，即使本机不安装 Office 软件也可实现基于 Web 方式的文档查看。SilverDox 文档转换技术如图 2.8 所示。

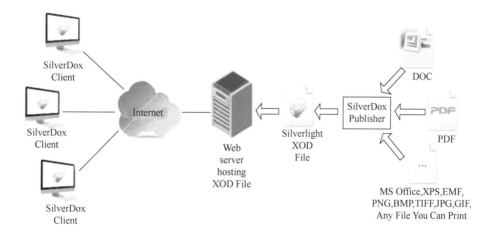

图 2.8　SilverDox 文档转换技术示意图

2.3　油气藏数据中心

为解决数据管理中存在的问题，需要建立企业级的统一数据中心。油气藏数据中心是依照油田勘探开发数据运行规律，围绕单井、油气藏全生命周期，建立数据管理模型和模式，规范数据从产生到应用的全过程，并在该模式指导下，建立并完善配套的数据管理组织机构、运行制度和基础设施，为信息系统的运行和资源共享提供可靠的数据保障与服务。传统意义上的数据中心从演化过程和发挥的作用来看，其主要有三种内涵：

第一，是网络建设中的机房重地。这里是数据的集散地，也是数据集中存储的地方，是人们利用网络将来自各个数据采集地或数据应用终端的数据最终都集中在这里，从而形成了数据的中心，实质是机房。

第二，是数据的行政管理部门。实施对所辖单位数据的统一存储、管理与监管。为此，将这样一个对数据、信息集中管理的职能部门称之为数据中心，具有一般意义的信息中心的全部管理职能。

第三，是一个具有数据管理与数据规划职能的管理部门。特别是在国家对外公布数据是"基础性战略资源"以后，数据中心将会成为最重要的资产与战略资源的核心部门。

不难看出，数据中心在数字化时代，尤其数字油田建设以来，由于出发点的差异性，造成了数据中心具有多种属性和概念。第一种数据中心，就是对网络数据的集中与管理，承担来自四面八方数据的存储与管理的职能，这种认识在其他领域和油田企业较为普遍。第二种认识是一种数据建设的理念，主要强调对数据实施"采、存、管、用"的建设，认为数据是一种资产和资源、一种生产技术产业，要从源头上做到数据全生命周期的建设与管理。第三种认识是一个很好的建设理念，它是数字油田建设的产物，具有一定的代表性。

从应用角度来看，数据中心存在以下三种职能：

第一，管理的职能。即对这个单位，如油田企业数据的整体负责，包括数据的"采、存、管、用"，其全生命周期的监管与行政管理，特别是对于在平台上对数据的应用服务等。

第二，研究的职能。数据中心的任务不仅仅是对单位数据进行管理，这是最基本的工作职责，是日常事务性管理，而最重要的是能够承担起对数据的研究。一个数据中心，其本身就是一个研究机构，研究数据是什么；研究数据从哪里来、到哪里去；研究如何为企业提供数据服务，即数据科学问题。

第三，积极的数据推广者和成果转化实施者。油田数据是油田企业的宝贵财富，是油田企业重要的资产。要实现对这一资产的全面优化，前提是要实现对油田企业各个领域的智能化。

在目前技术条件下的油田企业还无法让所有的设备和装置变成一个智能机器，从而完全代替工作人员的工作。为此，只有通过数据驱动实现智能化。所以，数据中心就要充分利用这一职能，从源头上抓好数据采集、数据传输，在职能范围内抓好数据的管理，特别要抓好数据的转化与应用。

2.3.1 数据中心的建设模式

调研分析国际、国内 11 家油公司数据中心建设模式，国外油公司数据中心建设起步早，基础设施完善，采用一体化数据管理模式，建立统一服务平台。挪威、俄罗斯、委内瑞拉和巴西等国家已建或正在建设自己的国家级石油勘探开发数据库，挪威国家石油公司、英国国家石油公司、道达尔、雪佛龙、康菲等石油公司也建立起了公司级的数据中心。国内油公司，数据中心建设起步晚，逐渐受到重视，发展趋势表现为统一的数据管理模式、数据中心管理职能不断提升，IT 新技术充分利用。中国石油的新疆油田和中国石化的胜利油田率先建成了企业级数据中心。

总结国内外石油企业的数据中心建设模式和成功经验，借鉴与启示是：要有权威的数据管理组织机构，为数据中心建设提供组织保障；建立健全配套管理制度，为数据中心建设提供制度保障；要高度重视数据质量和数据标准的建设，保证数据正常化，为统一数据服务做好数据准备；要建立统一应用平台，实现面向研究岗位、地质单元、专业软件、业务场景等需求的便捷式集成化数据服务。

国内外数字化油气藏数据中心建设经历了业务驱动、数据模型驱动等复杂历程，以数据驱动为核心的建设思路正在成为油田数据中心建设的主流方向。

（1）数据驱动的概念。

长期以来，尤其是在数字油田建设以来，人们一直都在倡导和实施业务驱动下的数字油田建设。业务驱动，实质上是业务主导下的信息化建设方式。以业务为核心开展工作，就是一切工作与活动都是围绕业务进行。例如，油田勘探业务，就是利用地震或非地震技术，探查寻找更多的油气资源；油气开发业务，就是根据已经探明的油气储量和油气藏，采取有效的措施增产上储；油气生产业务，就是实施最好的工艺技术以完成最大的油气产量。

随着信息技术的快速发展，特别在数字油田数据建设中，人们发现，数据建设需要以数据模型为核心才能完成。于是，在一段时间内，模型驱动又成为一种动力，实施各种数据模型、业务模型和技术模型等。模型，就是一种固化了的流程方法，可以依照模型不断地复制和批量生产。例如，数据存储管理需要依照数据模型完成；数据应用，也需要各种模型定制。

但是，人们发现以业务驱动和以模型驱动都会带来一些严重的弊端，导致数据流、业务流和信息流很难达到一致。所以，必须引入一种新的模式，就是数据驱动。

（2）数据驱动的内涵。

数据驱动是指在数据应用需求驱使下形成的一种动力。就是说因数据需要而促使数据服务，而数据服务需要一种高度智能的运行环境与条件，推动数据的良好应用，为油气藏研究与决策提供支持。随着数字油田、智能油田的建设，人们对数据价值的认识在不断地提高。

长期以来，数据在油田仅仅是一种"资料"，是必须的，但不一定是重要的，更不是不可或缺的。在实施数字油田和智能油气藏研究以来，数据先后从"资产"，逐步地演化、上升为"资源"。数据从"资料"到"资产"，再到"资源"，发生了质的飞跃，已成为油田宝贵的财富。

数据成为"资源"后，犹如油气资源，可以源源不断地被发现、挖掘和开发利用，其价值可想而知。现在人们在地质研究、油气藏决策中已完全离不开数据，没有数据，就没有油气资源。所以，油田已成为用数据串起来的油田。

数据"资源"的本质是油气，就是通过对数据的研究，获得油气信息。数据"资源"的运行是数据需求，油田各种业务管理和科学研究，对数据的需要和需求不断地在增长。这种增长和需要就会变成一种能量和动力，这就是数据需求的驱动。

数据是有规律的，这个规律形成一种"采、存、管、用"的数据链，构成一种数据运行的生态系统。数据在"采、存、管、用"的系统生态运行中，除了每一个环节的"自身运动"，还要符合整体系统的运行规律，从而使数据始终处在一种运动状态，这种状态使得数据"活"了起来，这就是数据活化。

所以，数据驱动的关键在于数据的"活化"，让数据"活"起来，数据的价值就会更大。这就是数据驱动的核心动力，也是数据驱动的本质内涵。

（3）数据驱动方式。

油气藏研究是一种日常性的业务工作，人们为了准确地发现地下油气资源和准确地开发油气，需要利用各种技术与方法研究油气藏并据此给出决策。在传统的工作模式中，油气藏研究都是人工研究、集体讨论决定。在信息技术快速发展之后，人们利用计算机和网络等各种新兴技术研究油气藏，这与人工技术方法相比发生了很大的变化，特别是数字油田建设以来，引入数字化技术与方法为油气藏研究提供了更加先进、快捷的方法。

在国外，大型石油勘探和服务公司数字化油气藏研究成为主体技术，如斯伦贝谢公司（Schlumberger）推出的 GigaViz 可视化、解释和属性分析系统；英国帕吉特（PEGETE）公司的小型虚拟现实可视化系统、油田可视化辅助决策系统、数字油藏平台、"智景平台"技术等；兰德马克公司（Land-mark）的勘探开发一体化决策系统，并建立了数据银行 PetroBank。同时，这些公司的油气藏研究与决策管理大多采用项目制模式，以综合能力强的项目团队为依托，借助强大的油气藏软件系统，对油气藏的勘探开发与经营进行分析研究、管理和决策。

而在国内，数字油田建设以来，对油田进行全面数字化，完成了油田从数字转化为数据、从数据转化为信息的发展过程。在油田管理方面实现"让数字说话，听数字指挥"的飞跃。在油气勘探开发中实现了 ERP/MIS 等各种平台建设，在油气藏决策中实现了数字化的井位论证与工艺技术优化等，提高了研究和决策的时效性。

这些过程既是一个信息技术应用的过程，也是数据应用的过程，其技术与方法是在项目数据库和大型一体化专业软件的支持下，建立一套完整的工作体系，从数据组织、数据加工，再到数据应用，通过研究形成各种方案，最终开展方案的决策与执行，再采集决策执行结果的数据，进一步进行分析和评价前面的决策。这种往复循环的研究与决策模式，实现了油气藏经营管理的高效与科学化，从而在这种循环往复中，数据始终在运动中、补充中、分析中，这就是一种数据运动与数据驱动的过程。

2.3.2 主数据驱动应用

在 RDMS 平台建设中应用数据驱动的关键点就在于如何将专业库数据盘活，使其从静态数据资产转变成可为油气藏研究与决策提供价值的活化数据资源。

如何实施并实现数据驱动，其中最关键、最重要的就是主数据的优化，以主数据为核心推动数据驱动。

针对专业库数据整合中发现的井号不一致、标准不统一、时效性不高等问题，需要对 RDMS 数据源开展治理工作，建立权威主数据，并搭建面向一线数据产生源头的实时动态数据链路。

（1）主数据建设。

主数据又称公共数据，包括油田名、区块名、井号、测线号等核心实体数据，就如同人的身份证，是最基本的信息也是最核心的数据。主数据库可以逻辑关联油气藏专业数据库中的各类数据，实现统一管控和集成应用。

RDMS 平台遵循中国石油 EPDM2.0 石油勘探开发数据模型标准，新建了油气田主数据库，包括油田名、区块名、井号、测线号等核心实体数据，通过标准的各实体数据，可以逻辑关联钻、录、测、试、A2 等各类勘探开发专业数据，有效解决了专业库分散管理、标准规范不一致等问题，实现了各专业数据的统一管控与集成应用。迄今，RDMS 平台单井主数据库共管理单井达 11 余万口井，以单井为主键，可在线实时查看各专业库中存储的各类单井相关数据、文档。

主数据库建设与应用模式如图 2.9 所示。

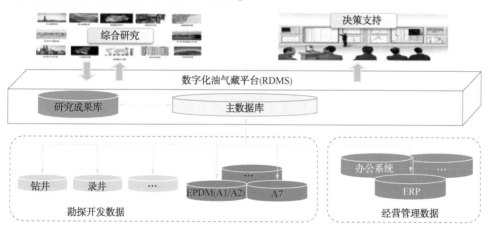

图 2.9　主数据库建设与应用模式

主数据的建设过程是：首先，通过详细对比石油勘探开发数据模型 EPDM 和 2002 版数据字典，基于数据链模型结构，建立油气藏实体数据模型，最终建立 RDMS 主数据库；其次，将各专业数据库中的实体数据迁移到主库中，进行数据标准化工作，包括井号的统一、油田区块的统一、坐标的统一等。如钻井数据库、录井数据库、地质综合库中都有井的基本数据，都需确定数据的唯一性、正确性。截至 2018 年年底长庆油田完成了 12247 口探评井、92987 口开发井的 29 项基本信息的重新核实、收集、整理及入库管理，主数据库的建设为数据整合平台的建立奠定了基础。单井主数据字段见表 2.3。

表 2.3　单井主数据字段

序号	数据项名称	填写说明	序号	数据项名称	填写说明
1	井号	依据录井完井报告填写	16	地理位置	包括省、市、县、乡、村
2	横坐标 Y	依据录井完井报告填写	17	目的层位	依据录井完井报告填写
3	纵坐标 X	依据录井完井报告填写	18	设计井别	依据录井完井报告填写，井别名称参照标准井别表
4	所属单位	依据 A2 系统	19	投产井别	依据 A2 数据库更新
5	区块	依据录井完井报告填写	20	完钻斜深	依据录井完井报告填写
6	井型	井型名称参照附件列表	21	完钻垂深	依据录井完井报告填写
7	井别	依据录井完井报告填写	22	完钻层位	依据录井完井报告填写，层位名称参照标准层位表
8	开钻日期	依据录井完井报告填写	23	投产日期	依据 A2 数据库更新
9	完钻日期	依据录井完井报告填写	24	注水日期	依据 A2 数据库更新
10	完井日期	依据录井完井报告填写	25	中靶横坐标 y	依据录井完井报告填写
11	经度	依据录井完井报告填写	26	中靶纵坐标 x	依据录井完井报告填写
12	纬度	依据录井完井报告填写	27	钻井施工单位	依据录井完井报告填写
13	补心高	依据录井完井报告填写	28	录井施工单位	依据录井完井报告填写
14	地面海拔	依据录井完井报告填写	29	构造位置	依据录井完井报告填写
15	补心海拔	依据录井完井报告填写			

（2）成果数据管理。

新建生产支撑类、统计报表类、方案设计类、地质图件类和项目文档类五大成果数据库，包含 460 个数据集，对分散在科研人员个人手中的 300 多万份成果进行标准化管理。油气藏成果数据的统计情况见表 2.4。

表 2.4　油气藏成果数据量统计

分　类	数据集（个）	字段数（个）	数据量（记录）
生产支撑类	201	1354	3430228
统计报表类	64	391	17058
方案设计类	19	119	278
地质图件类	31	212	9914
项目文档类	145	3470	10829
合计	460	5546	3468307

（3）实时动态数据链路搭建。

围绕专业库存在新增数据时效性不高等问题，针对现场勘探评价、油气产能建设项目组业务流程开发了生产建设实时报表系统，搭建了从井位下发、钻前、钻井、录井、测井、试油气、投产投注、交井等现场作业全生命周期的实时数据链路，打通了现场作业与室内研究的数据通道，如图 2.10 所示。

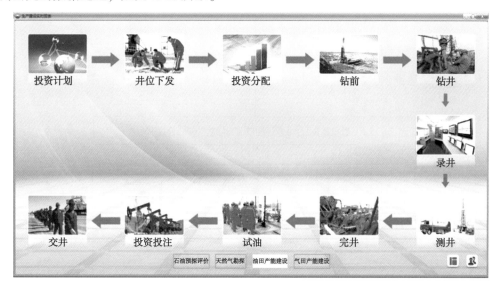

图 2.10 生产建设实时数据采集流程图

数据录入采用数据继承、批量更新、文档解析等技术，最大限度减少录入工作量，同时规避了以往多处录入造成的一井多状态、数据不闭合等错误。

针对由外协单位产生的数据源，如岩心物性分析、录井、动态监测等数据，开发了 RDMS 离线数据采集端，规范了数据通道，实现了数据结构化入库管理。

同时，针对水平井和测井数据，集成了水平井远程监控系统和测井传输平台，实现了对大块体数据的实时采集和传输。

2.3.3 长庆油田数据中心

借鉴国际国内油田企业数据中心建设的成功经验，RDMS 立足长庆油田数据建设与管理现状，面向油气藏研究与决策，突出业务主导，坚持业务流与数据流相统一，强化数据服务功能，体现数据价值化利用，形成了长庆油田油气藏数据中心架构，如图 2.11 所示。

长庆油田油气藏数据中心架构立足先进的 RDMS 建设理念，从源头数据采集开始，做好数据治理与数据正常化，确保数据时效性和完整性；面向研究岗位、业务场景和专业软件，研发数据整合、数据导航、数据可视化、云存储等技术，实现了数据与应用无缝对接；RDMS 平台为数据流通中心，数据驱动、数据服务为支柱，支撑油气藏协同研究与决策。

2.3.3.1 数据中心组织机构

长庆油田勘探开发研究院管理了油田公司近 80% 的油气藏研究数据，考虑到运行效率与成本，长庆油田以勘探开发研究院为依托成立了公司级的勘探开发数据中心，实行"一套机构、两块牌子"的管理模式，承担全油田油气藏数据的管理和应用推广，其机构设置如图 2.12 所示。

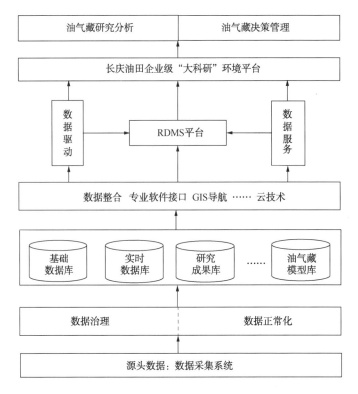

图 2.11　长庆油田油气藏数据中心架构

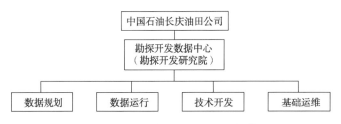

图 2.12　油气藏数据中心组织架构

　　数据规划：负责数据需求的收集与分析，数据建设中长期规划、年度计划和技术方案编制，是关于油田数据研究的核心部门。该部门除对数据中心建设与发展、数据建设与发展的计划、规划外，还有一个非常重要的职责，就是对数据的科学研究。

　　数据运行：负责数据治理、正常化建设，监督、管理数据运行过程与数据安全、数据转换，以及 RDMS 系统在全油田的推广应用与服务，是数据中心的核心业务部门，可视为"数据警察"。作为"数据警察"，负责对数据运行过程与数据安全、数据交付使用的监督与管理。

　　技术开发：负责 RDMS 系统维护、新技术研究、系统功能开发与测试，数据库管理，是数据中心 IT 技术研发的核心部门。

　　基础运维：负责机房场地、服务器系统管理、维护和技术支持。

　　在与公司相关部门、单位职责的划分方面，数据中心负责 RDMS 平台的功能研发，数据监督、系统运维与推广应用；业务管理部门为 RDMS 平台建设提供应用管理，负责用户权限审批、功能需求来源，并是 RDMS 平台的决策层用户；研究与生产单位是 RDMS 平台的主体用户，是系统功能需求的主要来源，以及数据采集和成果上传的主要承担者；数字化与信息管理部作为信息业务的归口管理部门，主要对数据中心提出的数据建设方案规划组织审查。

2.3.3.2 数据中心运行机制

数据中心运行机制，是以 RDMS 平台为中心的运行模式。自上而下分别为数据源管理、数据管理、数据服务和成果数据管理 4 层，如图 2.13 所示。数据监督贯穿数据中心

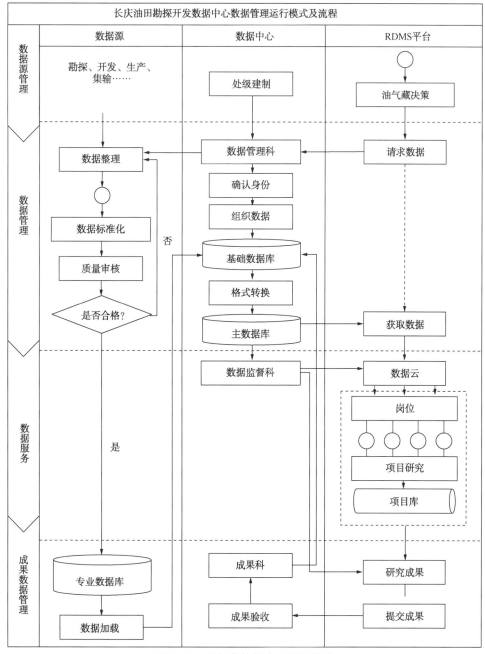

图 2.13 油气藏数据中心运行模式

运行始终，RDMS 平台处于数据中心的中间核心地位，左边为数据流转流程，右边为综合研究数据运行流程，体现了数据"采、存、管、用"的基本规律，体现了数据流与业务流的统一。数据流转，就是各个源头数据和成果数据的采集、管理，包括勘探、开发和生产等业务领域的数据采集监管。综合研究，就是业务层面的油气藏研究与决策。横向上，源数据管理，负责对勘探、开发、经营和生产源头数据采集与管理。数据管理，负责对采集数据进行整理、治理与正常化建设。数据服务，负责数据需求分析，数据建设规划制定，新技术研发与推广应用。成果数据管理，负责管理所有油气藏综合研究的成果数据。

2.3.3.3 数据中心建设管理流程

根据数据中心运行模式及需求，从管理规范层面确立管理流程和管理办法，给出了数据中心运行中 6 个主要方面的管理流程和管理办法。

（1）规划管理。

首先要进行战略规划，包括总体规划和分项建设规划。规划内容包括需求分析、可行性研究、总体规划、分项规划、年度资金预算、进度计划等。规划的合理与否直接关系到数据中心运行的效果好坏。因此，对规划内容需要制定一套管理流程和管理办法，规划管理流程如图 2.14 所示。

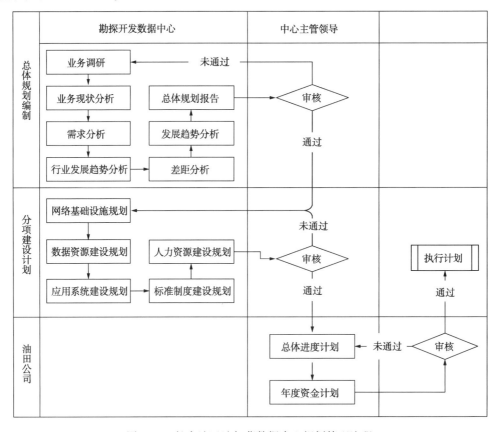

图 2.14 长庆油田油气藏数据中心规划管理流程

① 由数据中心管理层确定数据中心总体规划编制单位。编制单位需要具备数据中心

建设经验和相关建设资质，具备相应的技术保障。

② 总体规划编制需要进行调研、业务现状分析、需求分析、行业发展趋势分析、与国内兄弟单位的差距分析等，同时进行数据中心发展趋势分析，确定数据中心总体规划方案。

③ 总体规划方案由数字油田信息化组织机构进行评审，评审通过后形成进度计划和资金计划，报数据中心决策层审批。

④ 数据中心决策层批准后形成数据中心建设执行计划。

（2）实施管理。

确立数据中心建设项目后，数据中心管理层需要联系建设单位，启动项目，展开实施。数据中心建设项目实施过程管理包括需求调研、方案设计、编码与测试、数据准备、用户培训、上线运行等，其管理流程如图 2.15 所示。

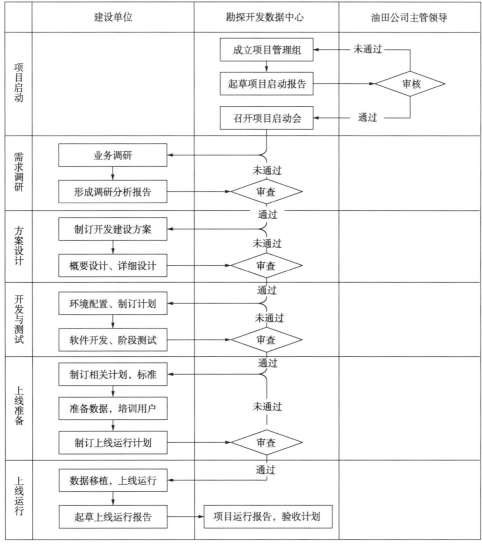

图 2.15　长庆油田油气藏数据中心管理流程

① 项目准备。数据中心组织机构会同建设单位，起草项目启动请示报告，报主管领导批准。

② 项目启动。组织召开项目启动会，安排部署实施任务，编制相关管理章程。

③ 业务调研。项目经理配合建设单位负责人到相关业务部门进行需求调研，形成需求说明书。

④ 需求分析。项目建设单位根据需求说明书进行需求分析，形成需求分析报告。数据中心组织机构负责需求分析报告的审查。

⑤ 方案设计。项目经理配合建设单位进行系统方案设计，形成设计报告。报数据中心组织机构审查，由主管领导审批。

⑥ 系统配置与测试。项目经理配合建设单位项目负责人编制系统配置与测试计划，进行系统集成、功能配置、客户化开发、系统测试。测试报告得到相关用户检验并签字确认后，由数据中心组织机构负责审核、批准。

⑦ 数据准备与用户培训。项目经理配合建设单位项目负责人进行数据准备和迁移，组织用户对数据迁移结果进行检验并签字确认；进行用户培训与考核，通过后颁发合规证书。

⑧ 项目上线。项目经理配合建设单位项目负责人共同组织制定系统上线计划，经数据中心组织机构审核并批准后，进行上线准备，实施系统上线。项目经理组织编制项目总结报告，做好验收准备。归档资料，上交数据中心组织机构。

（3）验收管理。

油田数据中心建设项目开展完毕并上线运行后，建设单位需要对出现的数据问题进行整改。同时，项目经理需要负责项目验收，数据中心建设项目验收过程包括阶段验收、上线验收、竣工验收三部分，其管理流程如图2.16所示。

① 阶段验收。项目经理组织在项目的各个阶段进行验收，包括业务调研、方案设计、系统配置与测试阶段进行阶段验收。阶段验收内容包括计划完成情况、阶段成果、用户意见等。在各阶段中还涉及对产品供应商、管理咨询服务商和内部支持单位的验收。

② 上线验收。系统试点和推广上线后进行上线验收，由数据中心组织机构组织业务主管部门、项目建设单位及相关专家进行。项目经理负责将项目文档和验收报告送有关部门归档。

③ 竣工验收。完成阶段验收、上线验收、文档汇编和竣工决算审计后，才可进行数据中心项目竣工验收。数据中心组织机构组织完成预验收后，拟订验收会议方案和验收委员会人选。验收委员会听取项目实施和系统运行情况报告，观看系统演示，分组审阅竣工验收文档资料，形成竣工验收意见。数据中心组织机构组织出具验收报告，报主管领导。

（4）运维管理。

数据中心建设项目竣工验收后，后续的工作就是系统的运行和维护。运行维护的内容，包括年度运维计划编制、日常运维、事件处理、系统升级、运维考核等内容，其管理流程如图2.17所示。

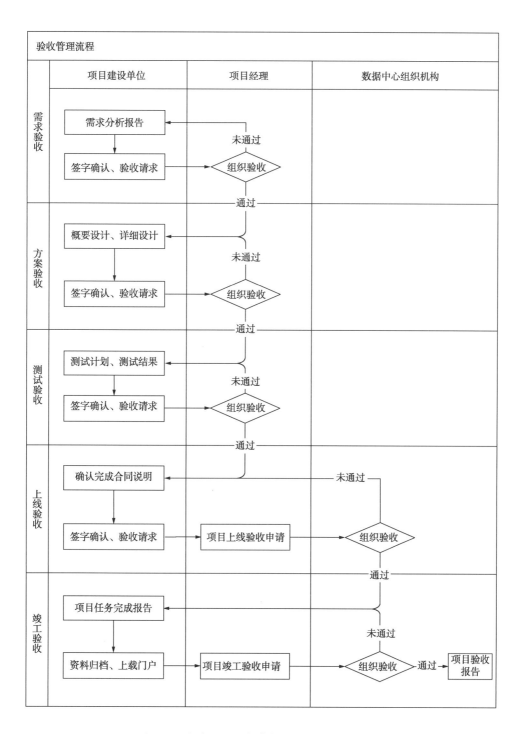

图 2.16　长庆油田油气藏数据中心验收管理流程

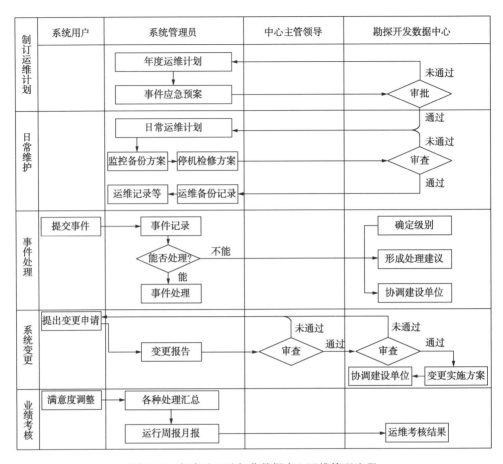

图 2.17　长庆油田油气藏数据中心运维管理流程

① 运行维护组织。数据中心组织机构是系统运行维护的管理部门，负责审定运行维护计划，下达运行维护任务，监督、考核运行维护工作。

② 年度运行维护计划编制。各运行维护队伍负责编制所管理的信息系统年度运行维护计划，每年编制一次。

③ 日常运行维护。坚持"变事后处理为主动预防"的理念，保证系统 7×24h 稳定运行；系统日常维护工作包括数据与应用服务、巡检与监控、备份与恢复、停机检修、技术支持。

④ 事件处理。事件处理分为日常事件处理和突发事件处理两类。日常事件处理包括记录、处理、反馈和报告 4 个环节；突发事件按影响范围和严重程度分为三级，突发事件处理包括编制突发事件处理预案、演练、处理突发事件、事件评估 4 个环节。

⑤ 系统升级。依据系统运行情况和用户的需求，运行维护队伍编写系统升级申请报告，经数据中心管理部门及相关系统应用部门审批后，实施系统升级并编写总结报告。

⑥ 运行维护考核。运行维护考核包括运行维护队伍自我考核和数据中心管理部门考核，两者加权得出业绩考核结果，报数据中心主管领导。数据中心管理部门根据考核结果，完善下一年度运行维护计划。

（5）系统安全管理。

系统在规划、开发、测试、上线运行等各阶段，都必须重视系统的安全问题。完善的管理制度，是保证系统安全的前提，包括管理组织与职责、基本工作要求、系统安全监控、风险评估、系统安全培训、检查与考核等内容，系统安全管理流程如图 2.18 所示。

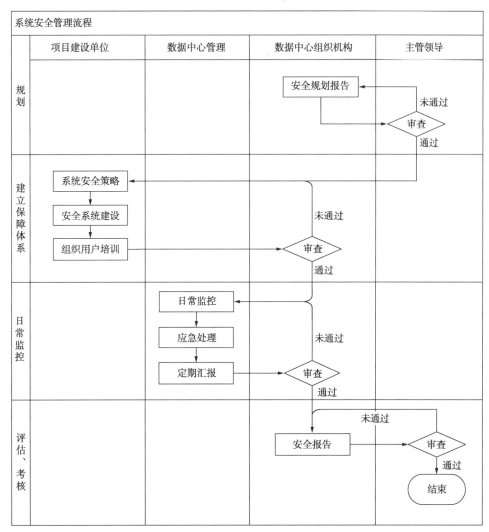

图 2.18　长庆油田油气藏数据中心系统安全管理流程

① 管理组织与职责。数据中心组织机构负责系统的安全管理，数据中心管理部门在数据中心组织机构领导下，承担所负责的系统安全管理任务。

② 基本工作要求。按照"谁主管、谁负责"的基本原则，实施系统安全等级保护，分层次建立以安全组织体系为核心、安全管理体系为保障、安全技术体系为支撑的系统安全体系，保证系统和信息的完整性、真实性、可用性、保密性和可控性。

③ 系统安全监控。数据中心管理部门在数据中心组织机构管理下具体进行规范、合理、有效的系统安全监控。数据中心下属各部门负责制订和实施系统安全监控计划，包括日常监控、应急处理和定期汇报。

④ 系统安全风险评估。数据中心组织机构负责组织建立风险评估规范及实施团队，定期或在重大、特殊事件发生后进行风险评估。风险评估包括范围确定、风险识别、风险分析和控制措施。

⑤ 系统安全培训。数据中心组织机构负责制订系统安全培训计划，组织实施系统安全管理与技术培训。数据中心下属各单位负责相应层次的系统安全培训。

⑥ 检查与考核。数据中心下属各部门自我考核和数据中心组织机构考核，两者加权形成年度考核结果。违反规定造成严重后果的，按公司规定追究相关部门和个人责任。

（6）标准规范管理。

标准化是数据中心正常运行的重要保障。必须建立一套完善的管理体制进行数据中心标准化的监督和执行。标准管理工作包括管理组织与职责、注册与立项、制修订与发布、宣贯与执行、检查与复审等内容，其管理流程如图 2.19 所示。

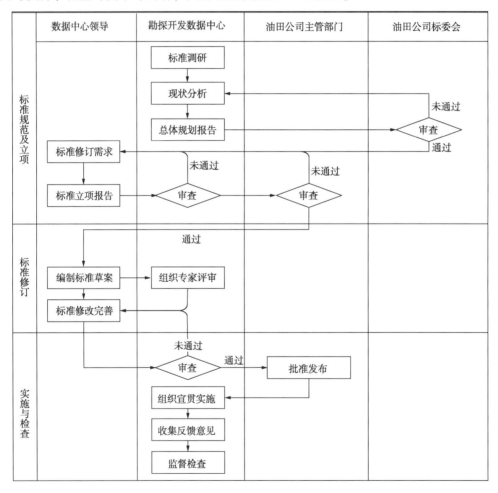

图 2.19　长庆油田油气藏数据中心标准规范管理流程

① 管理组织与职责。数据中心组织机构是标准化工作统一管理机构，数据中心管理部门负责执行，包括标准的起草、立项等。

② 注册与立项。项目建设单位向数据中心管理部门提出标准申请。数据中心管理部

门协调确定编制方案及标准修订项目建议书，报数据中心组织机构立项。

③ 制修订与发布。制修订与发布包括标准起草、征求意见、专家审查、委员表决、批准发布等五个阶段。起草单位依据编制方案编写标准草案，数据中心组织机构组织征求意见、专家审查以及委员表决，表决通过后的标准由数据中心标准化工作主管领导批准发布。

④ 宣贯与执行。数据中心组织机构对标准的宣贯与执行进行统一管理。数据中心管理部门认真组织好标准的宣传贯彻工作。项目建设单位严格执行各项已发布的标准。

⑤ 检查与复审。数据中心组织机构负责对标准的执行情况进行检查与复审。在数据中心建设项目阶段验收和最终验收中，包括对标准遵循情况的审查。

第3章 油气藏数据链

油气藏数据管理不仅包括油气藏数据中心的建设和管理，更多的是创建油气藏数据的高效链接模式，为油气藏勘探开发的研究与决策业务提供数据服务。借鉴军事数据链思想，长庆油田提出了油气藏数据链的概念、内涵及技术规范等，将数据资源和油气藏研究与决策的业务应用无缝链接，形成油气藏数据链的关键技术，为开展油气藏跨地域、跨学科、跨部门的协同研究和数据资源共享提供手段，实现数字化油气藏研究与决策科研方式和管理模式的变革与创新。

3.1 数据链概念

数据链的概念起源于 20 世纪 50 年代美国等军事发达国家，全称"战术数字信息链路"，是现代信息技术与战术理念相结合的产物，早期称为"军事数据链"。近年来，美国和俄罗斯等主要军事强国在军事数据链方面取得了高速发展与突破，在多次现代战争中表现出极其有效的作战效果。

3.1.1 军事数据链思想

数据链是采用统一格式化的信息标准，使战术信息数据的采集(由传感器完成)、加工(由传感器处理器和指挥控制系统完成)、传输(由数据链终端设备和信道设备完成)、处理(由数据链接口设备和指挥控制系统完成)到使用(作战指挥部门和武器平台)能自动完成，无须人工干预，从而形成信息流程的自动化。信息流程自动化既提高了信息传输实时化的程度，更缩短了战术信息有效利用的时间，使"从传感器到射手"成为现实。在战场上，该技术链接指挥中心、作战部队、武器平台，通过预警飞机实时探测与感知战场态势，在海、陆、空不同作战平台之间交换与共享信息，可以实现多兵种"一体化"协同作战，成倍提高了作战效率。

从军事角度出发，数据链技术是一种以通信网络为纽带，以信息处理为核心，将遍布陆海空天的战场感知系统、指挥自动化系统、火力打击系统和信息攻击系统等作战要素互联为有机整体的信息网络系统，也是传感器、指挥控制系统与武器平台综合一体化建设和数字集成的系统，是实现战场信息共享、缩短指挥决策时间、快速实施打击的保障。数据链作为"现代信息化作战的神经网络"，在多种平台间构建了"交叉"式传输网络，变革传统的树叉式信息传输模式为扁平化传输模式，使诸军兵种的各级指战员能在第一时间共享各种战术信息，实现信息传输的实时性。

与一般通信系统有所不同，数据链除拥有通信终端、传输设备等基本要素以外，最大区别就是拥有特殊的通信规范，即数据报文的消息标准和控制链路运行的通信协议。没有这些通信规范来实现数据按照一定的信道传输信息，即使有了先进的通信设施和通信网络，也不能称其为数据链。因此，数据链不仅仅包括实际的硬件设备，更为重要的是包括一套规范化的传输方式、信息格式、各节点间的组网方式、使用的硬件规格等实现信息交换的协定、规范。此外，数据链还包括一些保障通信安全、可靠运行的辅助设备，如加密/解密装置(密码设备)、自检设备、电源等。

数据链能够与传感器、武器系统、指挥系统紧密结合，将地理空间上相对分散的作战单元、探测单元、支援力量紧密地连接在一起，保证战场情报、指挥控制、武器协同等信息实时、可靠、准确地传输，实现信息共享，便于指挥人员实时掌握战场态势的变化，缩短了决策时间，提高了指挥准确度和武器系统的协同作战能力。

数据链已经成为未来信息化战争取得战场主动权的有力保障，各国越来越重视对数据链的研究，尤其是美军/北约对数据链的研究和应用最为广泛，且在各种数据链研制方面处于领先地位。

3.1.2　油气藏数据链定义

油气田勘探开发中的油气藏一体化综合研究与现代战争的多兵种协同作战相类似，其决策过程也是一个需要多学科、多岗位协同开展的系统工程。受现代军事数据链思想的启发，长庆油田提出了油气藏数据链的概念，并对其实现方法进行了系统化的研究。

油气藏数据链是指面向油气藏研究与决策，以规范的业务流程、标准的数据存储、高效的网络通信为基础，在油气藏数据、成果与业务之间建立逻辑关联，及时采集、按需处理、快速传递各类数据，实现业务流与数据流的统一，做到跨学科、跨部门、跨地域的协同工作和资源共享，为油气藏一体化综合研究与决策提供高效的数据支撑和服务。油气藏数据链的结构如图3.1所示。

油气藏数据链的结构系统一般由采集端、数据链、业务端组成。某一业务可能访问多个数据链，或某一业务只访问一个数据链，如油气的储量计算模块访问地质单元数据链、层数据链和井数据链，而油气井的动态监测模块可能只访问油气井数据链。数据链状态是记录数据的丰富度和业务状态[勘探阶段(KT)、评价阶段(PJ)和开发阶段(KF)、稳产阶段(JX)]，如某地质单元数据链目前处于勘探阶段，则其业务状态为勘探状态；各业务处理完信息后，及时更新数据链数据字典，以保证后一业务的延续性和准确性。而且，油气勘探、评价和开发中各类地学模型软件取得的成果通过数据链接口录入到数据链数据库中或者专业数据库中。与此同时，专业数据库和现场采集作为数据链的信息采集端集成于系统中。

油气藏数据链将油气藏数据的采集、存储、管理、应用串接在一起，形成了一个闭环系统，为油气田底层多源异构数据源和上层复杂应用之间提供了一个一体化综合应用平台，屏蔽了底层数据源的复杂性，使研究人员面对的只是一个简单而统一的应用环境，从而降低了研究人员的工作复杂性，将注意力集中在自己的业务上，不必为数据在不同应用

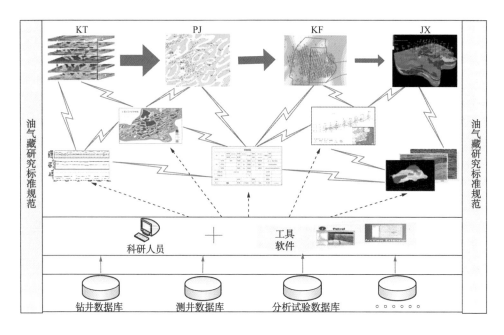

图 3.1　油气藏数据链结构示意图

软件上的移植而重复工作，从而大大减少了技术人员的工作负担，极大地提高油气藏研究与决策的质量与速度。

油气藏数据链的核心理念是基于业务岗位或应用场景进行数据组织、研究方法封装、专业软件的系统集成。例如，开展地层对比，传统工作方式下研究人员需要收集邻井各类数据，从档案室借阅纸质测井蓝图手工对图，通过标志层约束进行地质分层。而在数字化油气藏工作平台中，只需进入系统定制的地层对比岗，通过井位图点选目标井，地层对比数据链就可将井位坐标、邻井分层数据、测井体数据等各类数据打包推送到专业软件，快速绘制出连井测井曲线剖面，专业技术人员通过标志层和测井曲线旋回分析，就可快速完成地层对比，并将油气井的分层结果一键式归档。

油气藏数据链实现了业务流和数据流的高度统一。油气藏业务主要是指油气田的勘探、评价和开发等生产科研业务，数据流的研究对象主要是对盆地及其构造、沉积、砂体、圈闭、油气藏等研究时产生的数据，如测井数据、砂体展布图、沉积相划分数据表等。根据业务研究对象的频率和最小单位，把各个阶段的业务研究对象划分为地质单元、油藏、层和井对象，相应地建立地质单元数据链、油藏数据链、层数据链和井数据链。

油气藏数据链作为信息技术与油气藏研究业务紧密结合的产物，不但要满足油气藏在勘探开发信息共享方面的需求，而且必须满足油气藏研究与决策等一体化业务的功能需要，以实现不同岗位之间业务与成果的集成和传递、推送等诸多目的。油气藏数据链按信息流转方式可归纳为以下两类：

（1）横向数据链。面向油气藏研究与决策的业务流，以油气藏研究岗位数据需求为导向，通过各数据链间的横向信息传递，实现不同研究岗位之间信息的快速共享和协同处理。

（2）纵向数据链。面向不同部门开展研究与决策的数据流，以上下部门协调的决策场景为导向，建立快速的信息组织与提取通道。针对某一具体的油气藏研究与决策业务，搭建油气生产实时数据采集链路，及时采集、按需处理、快速传递各类油气藏的研究数据，实现从底层到高层的快速数据传递及处理，为油气藏勘探开发专业决策提供数据服务。

3.1.3　油气藏数据链结构

油气藏数据链建立了完整的油气藏数据采集、存储、管理、应用链条，在逻辑层次上分为数据元、数据集、链节点和数据链 4 层结构，如图 3.2 所示。该结构体现了数据链对油气藏研究所具有的综合性、复杂性和关联性的深度解析和再造，可以稳定地支撑不同类型的业务，并灵活适应业务流程的优化与重建。

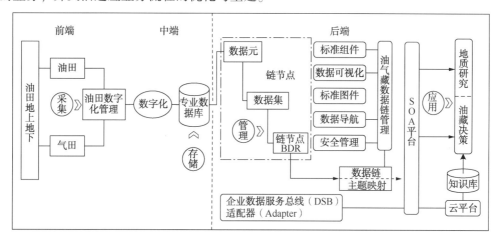

图 3.2　油气藏数据链物理结构

（1）数据元：是一组用来描述定义、标识、表示和允许值的数据单元，是在一定的环境下不可再细分的最小数据单位。数据元用于定义逻辑关联，实现数据项、研究成果到数据集的传递。数据元是可识别和可定义的，每个数据元都有其基本属性，如名称、定义、数据类型、精度、值域等，勘探项目数据库信息的集合定义见表 3.1。

表 3.1　勘探项目数据库信息集合定义

数据层次	序号	信息集合名称	信息集合定义
基础数据	1	空间定位数据	构造单元、工区和地层的划分及其位置坐标等 8 类数据
	2	非地震物化探数据	非地震物化探成果
	3	地震数据	地震磁带、活动硬盘、解释成果
	4	钻井数据	钻井综合、套管、定向井、水平井、固井等钻井工程类数据
	5	录井数据	综合录井、钻时和气测、钻井液、岩屑、岩心、综合解释
	6	测井数据	测井曲线、解释成果
	7	试油试采	射孔、压裂、酸化、挤液、试油测试
	8	分析化验数据	储层物性、生物地层、岩石矿物、油气水、有机地化、高压物性

续表

数据层次	序号	信息集合名称	信息集合定义
中间数据	9	单井地层评价数据	地层沉积、烃源岩、储层和盖层、有效厚度、地层温度和压力等成果报告及图表数据
	10	区块统计	探井工程量、试油成果、地震资料、储量等统计数据与图表
最终成果数据	11	盆地(区带)评价数据	构造单元基础和分层资源评价及沉积岩、烃源层、储层、盖层等成果报告及图表数据
	12	圈闭评价数据	圈闭基础、评价以及成果报告和图表
	13	油气藏及储量评价数据	储量计算单元、石油预测、控制、探明储量及参数等成果报告和图表数据
	14	勘探规划部署数据	年度勘探项目总体设计(方案)、勘探成果图、井位部署(设计)图等成果报告及图表数据
	15	科研成果数据	配套科研专题报告及图表数据

油气藏勘探数据由基础数据模型、中间数据模型和研究成果数据模型构成，每一种数据模型均由不同的数据元组成。

当然，在实际应用中，不同行业或不同应用领域数据元的制订不仅要遵循数据元制订的规律，还要对数据元自身进行"名、型、值"的定义以及找出数据元之间内在与外在的关联关系。

在数字化油气藏研究中，数据元用来描述数据资源对象，并对这个对象进行定位管理，以便于数据的识别与获取。目前，创新和完善数字化油气藏的数据元理论和技术是实现数据标准化以及数据共享、交换和整合的重要基础。

业界人士普遍认为制定油气藏数据元是解决数字化油气藏数据标准的一个可行的途径，这也是其他领域数据标准化的成功经验。通过建立油气藏领域的数据元结构模型、属性等，以数据元来指导油气藏的数据标准化，才能稳定地规范数据，为油田企业建立集成化的数据模型奠定坚实的基础。同时，也只有在这一方法论的指导下构建油田企业数据才能从根本上解决数据质量问题。

值得注意的是，此处的数据元与元数据(meta data)不同。元数据是关于数据的数据，因此可以用类似数据的方法在数据库中进行存储和获取。从作用上看，元数据用来描述信息资源的存在性，描述获取信息资源的手段，描述信息资源的来源、完整性及安全性等信息。

(2)数据集：用于将数据元描述的数据打包为数据链可整体传递的数据单元。该数据单元具有独立业务含义，方便业务应用。同时，数据集是数据链中权限控制、加工处理的基础单元，并根据业务需求将数据快速推送到各个研究岗位。

而数据集管理则是由"专业分类""对应数据集"和"数据项"三部分内容组成。"专业分类"以树结构形式展示各专业内容与专业包含关系，"对应数据集"罗列某一专业对应的数据集，"数据项"主要完成各数据集参数的设置。

在数据集管理功能中，"专业分类"主要包括新建专业、编辑专业和删除专业信息等功能；"对应数据集"主要包括新建数据集、编辑数据集、数据集转换专业、相关岗位、关系设置和删除数据集等功能；"数据项"主要包括添加数据项、编辑数据项、源数据项管理和删除数据项等功能。

（3）链节点：油气藏数据链的组成节点，对应数据链构建理念中的 BDR（Business，Data，Role，即业务、数据和岗位）节点。通过定义链节点标准的输入、输出及数据加工应用，能够实现岗位业务与数据流的有机结合。

而链节点的管理由"链节点列表""链节点详细信息"和"链节点输入/输出数据集"三部分内容组成。其中，"链节点列表"用来展示链节点名称与描述，"链节点详细信息"包括链节点名称、级别与链节点描述，"链节点输入/输出数据集"主要完成链节点输入/输出数据集的设置。

链节点的管理功能主要包括新建链节点、编辑链节点、查询链节点、删除链节点、关联岗位、取消关联岗位以及设置输入/输出数据集等功能。油气藏研究系统中链节点管理的操作界面如图 3.3 所示。

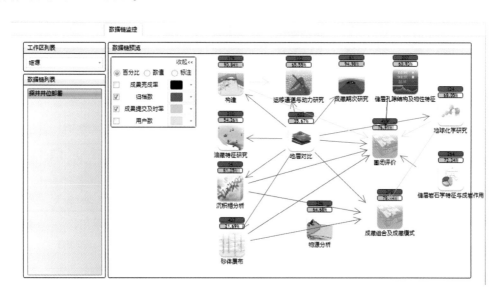

图 3.3　油气藏研究系统中链节点管理操作界面

（4）数据链：是面向油气藏研究业务主题的数据应用通道。按照应用主题，将链节点连接为信息流转通道，并赋予相应的约束信息（组织机构或区块等），将应用主题映射到现实的业务领域，支持油气藏综合研究。

数据链管理主要包括新建数据链、编辑数据链、删除数据链、数据链查询与浏览等功能。与此同时，数据链实现了不同岗位之间成果的集成应用，具有实时性、可追溯性等特点。

具有上述功能的油气藏数据链，其物理结构主要体现了油气藏数据链对油气藏研究所具有的综合性、复杂性、整体性的深度解析，以及抽象后的形象再造。该结构可以稳定地支撑不同类型的业务，并灵活适应业务流程的优化与再造，克服了目前油气藏研究与决策中的信息共享困难、多学科多岗位协作能力较差等难题，具有显著的推广应用价值。

3.2 油气藏数据链关键技术

3.2.1 数据整合技术

在数据链理论的指导下，建立规范化的数据模型，通过统一的数据整合平台，对不同用途的专业数据库进行整合，通过 RDMS 主库实现多源、异构数据在数据库、专业软件和数字化平台间便捷地访问、查询、搜索、格式转换和迁移。对于新产生的数据，由数据源生产单位作为常规性的工作按照规定的时间、格式和质量要求加载进入专业数据库，并以增量更新的方式追加进入 RDMS 数据库，从而实现数据的无缝整合。数据整合技术架构图如图 3.4 所示。

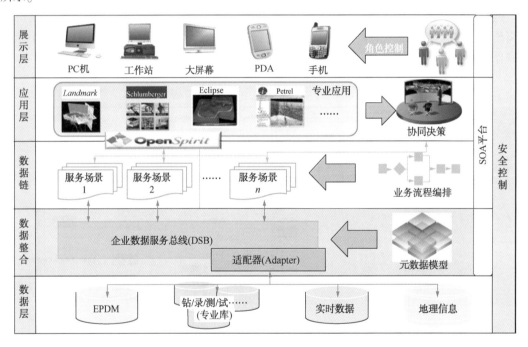

图 3.4　数据整合技术架构图

在整合专业数据库方面，为有效解决由于物理上的分布引发的数据应用过程中的及时性、一致性的问题，通过对数据库相关集成技术的分析研究，利用 DBLink、物化视图、数据服务总线 DSB 等技术，能够实现专业数据库与主数据库之间的实时关联与同步更新。

通过数据整合，实现了对分散异构的多数据源的统一访问，消除了"信息孤岛"，能够实时、自动地将有价值的数据传递给分析系统或其他应用系统进行信息的进一步加工。数据整合实现了以下三个目标：

（1）数据平台和专业软件间的数据交换和共享，以及成果数据在各种专业软件之间的传递共享。

（2）提供标准和规范的数据接口，RDMS 系统中各模块可以方便调取各种成果和数据，实现通用数据源的方便共享。

（3）基于 EPDM 数据模型主库，在保证数据统一性、完整性的前提下，实现专业数据库到主数据库的数据迁移。

为实现多源、异构数据的整合和应用，在 RDMS 系统中，通过应用简单对象访问协议 SOAP、Web 服务接口描述语言 WSDL、数据服务总线技术、增量同步、DBLink 等技术，实现油气藏数据的整合和交互。

3.2.1.1　SOAP 技术

简单对象访问协议（Simple Object Access Protocol，SOAP）是在分散或分布式的环境中基于 XML、交换信息的协议，通常包括 4 个部分：一是 SOAP 封装（Envelope），封装定义了一个描述消息中的内容是什么，是谁发送的，谁应当接受并处理它以及如何处理它的框架；二是 SOAP 编码规则（Encoding Rules），用于表示应用程序需要使用的数据类型的实例；三是 SOAPRPC 表示（RPC representation），即远程过程调用和应答的协定；四是 SOAP 绑定（Binding），使用底层协议交换信息。

SOAP 编码规则的主要目标是简单性和可扩展性，具体描述如下：

（1）简单性。SOAP 编码规则所定义的信息结构非常简单，除这个基本信息结构外，SOAP 没有定义额外的表述结构标准，也没有定义自己的编码格式和传输协议，还避免了许多和组件模型有关的复杂功能，如对象引用、对象激活以及信息批处理等。

（2）可扩展性。SOAP 使用了 XML（Extensible Markup Language）标准来封装远程调用和交换的数据，由于 XML 可以封装各种有意义的数据，因此 SOAP 非常具有弹性。它可以使用 XML 来封装所有的数据，并且扩充其功能和意义，同时能够通过标准的 XML 分析技术来了解这一切。

3.2.1.2　Web 服务接口描述语言

Web 服务接口描述语言（Web Service Description Language，WSDL）描述了 Web 服务的接口、消息格式约定和访问地址三方面的基本内容，它是描述 Web 服务的规范，尤其是描述 Web 服务的接口的规范。

WSDL 将 Web 服务描述为能够进行消息交换的通信端点集合。通过网络服务提供者所提供的 WSDL 文档，服务使用者可以获取服务执行的相关信息，并基于该信息访问服务。简单地讲，WSDL 文档的职责在于告诉服务的使用者如何将请求消息格式化，通过何种通信协议在何处访问 Web 服务。

3.2.1.3　数据服务总线技术

针对数字化油田建设中异构数据源的信息提取问题，提出数据服务总线（Data Service Bus，DSB）的概念，并给出了以数据服务总线为基础的异构数据源整合和集成技术方法。这种方法能有效实现油气田勘探开发过程中多种异构数据源的融合、交互，从多种数据源中提取有效信息，为决策提供支持。

数据服务总线是一款灵活易用的数据集成产品，主要应用在数据采集、数据交换、数据同步、历史数据迁移、数据质量管理等领域。DSB 基于数据整合技术和数据虚拟化技术，实现了数据集成和数据即时访问两大应用，具有良好的灵活性，可以根据用户的业务需求，快速搭建所需的数据服务平台，为用户提供统一完整的数据融合方案，降低实施维护成本。DSB 分为 5 层架构，如图 3.5 所示。

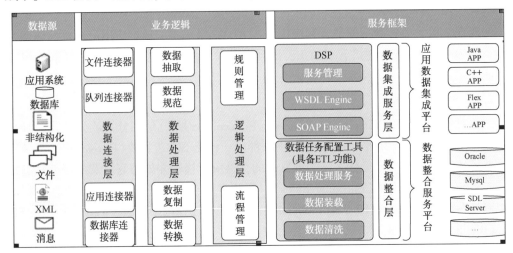

图 3.5 数据服务总线 DSB 功能架构图

数据连接层：实现多数据源连接方式，包括各种数据库（Oracle，SQL Server，Mysql，Access 等）连接方法以及各种文件（excel，csv，txt）的读取方法，支持 JDBC、JMS 等协议。

数据处理层：实现各种文件解析方式，数据库读取和插入方式。通过数据抽取，把数据按照规则（全量、增量）从各种数据源提取出来，根据各种数据规范（如 EPDM 标准）以及自定义格式，把数据转换成需要的数据格式标准。

逻辑处理层：实现数据转换的各种规则（如变量规则、映射规则、动态规则）以及流程管理。

数据整合层：实现数据路由，清洗和装载。通过前三层处理后，根据定义的数据路由地址和过滤规则，把数据清洗后，装载到目标源。

数据集成层：通过前三层的处理后，向各种应用提供处理后的数据，并且向外暴露 web service 服务，支持 SOAP、WSDL 等协议。

通常，数据服务总线 DSB 具有以下特点：

（1）可视化设计与配置。

以流程图方式整合数据源、规则及逻辑关系，通过 ETL［数据抽取（Extract）、转换（Transform）、装载（Load）］设计器完成数据抽取、转换和加载工作，提供数据预览与调试优化等功能。ETL 可视化设计如图 3.6 所示。

（2）多类型数据组织与传输。

DSB 支持各类数据库数据和不同类型的文件数据，以全量、增量、自定义条件等方式，进行数据的加工、组织与传输，如图 3.7 所示。

（3）可定制数据调度方式。

根据数据源的时效性及特征，设置 RDMS 系统的日任务、周任务和月任务需要，定时触发相关 DSB 规则/流程，实时完成增量数据的更新及数据的可定制调度方式，如图 3.8 所示。

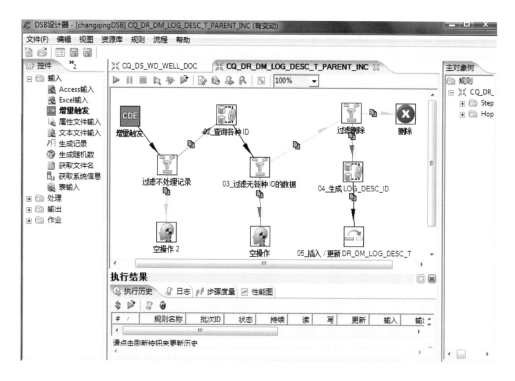

图 3.6　ETL 可视化设计

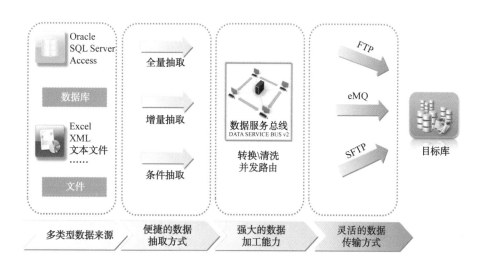

图 3.7　多类型数据组织与传输示意图

　　DSB 技术为系统之间的数据同步提供了整体解决方案，能有效解决分散数据同步过程中的数据筛选与清洗，可以解决数字化油田的各个专业库之间数据的双向同步传输问题，为多个专业库同步过程中遇到网络异常时提供多种处理方式，确保数据在同步过程中的安全性、完整性。

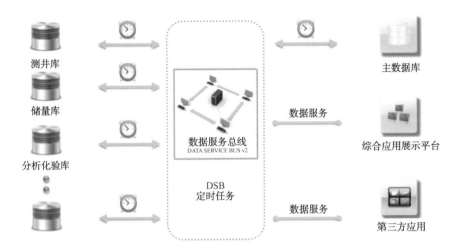

图 3.8　可定制数据调度方式

3. 2. 1. 4　数据库链接技术

数据库链接技术 DBLink（Database Link）是 Oracle 一项多个数据库间的关联技术，数据库的链接就像电话线一样是一个通道，当要跨本地数据库访问另外一个数据库表中的数据时，本地数据库中就必须要创建远程数据库的 DBLink，通过 DBLink 可以像访问本地数据库一样访问远程数据库表中的数据。应用 DBLink 创建 RDMS 主数据库和专业数据库的多表关联视图，可以建立一个逻辑上的集成中心数据库。

3. 2. 1. 5　触发器技术

触发器（Trigger）是 SQL server 提供给程序员和数据分析员来保证数据完整性的一种方法，经常用于加强数据的完整性约束和业务规则等。它是与表事件相关的特殊的存储过程，它的执行不是由程序调用，也不是手工启动，而是由事件来触发，比如当对一个表进行操作（插入、删除、更新）时就会激活它执行。

触发器可以查询其他表，还可以包含复杂的 SQL 语句，主要用于强制服从复杂的业务规则或要求。触发器也可用于强制引用完整性，以便在多个表中添加、更新或删除行时，保留在这些表之间所定义的关系。

3. 2. 1. 6　物化视图

物化视图（Materialized View）在 Oracle 9i 以前的版本叫作快照（SNAPSHOT），从 9i 开始改名叫作物化视图。使用物化视图的目的是为了提高查询性能，是用于预先计算并保存、连接或聚集等操作，在执行查询时可以避免进行这些耗时的操作，从而快速得到结果。物化视图的应用是透明的，增加和删除物化视图都不会影响应用程序中 SQL 语句的正确性和有效性；同时，物化视图需要占用存储空间，当基表发生变化时，物化视图也应当刷新。应用物化视图可以大幅提高系统运行的效率，消除 DBLink 和多表关联等耗时操作。

针对不同专业、不同类型的数据，需要采用不同的技术进行数据整合，有时需要同时采用多种技术。如分析试验库中的砂岩薄片鉴定数据，包含了结构化的数据表和非结构化的图片，结构化的数据表通过 DBLink 直接关联，图片保存在分析试验库的 FTP 服务器上，需要应用 DSB 技术来定时读取图片文件并保存到 RDMS 平台中。

利用现有的数据整合技术，RDMS 已开发了 18 个专业数据库、196 张数据表，实现了共计 2.2 亿余条专业库数据记录的整合应用。

3.2.2 数据可视化技术

可视化（Visualization）就是利用计算机图形学以及图像处理技术，将数据转换成图形或图像并在屏幕上显示出来，可以进行交互处理的理论、方法和技术。可视化技术涉及计算机图形学、图像处理、计算机视觉、计算机辅助设计等多个领域，成为研究数据表达、数据处理、决策分析等一系列问题的综合技术。

可视化技术作为解释大量数据最有效的手段而率先被科学与工程计算领域普遍采用，并发展为当前最热门、多媒体为主的技术。可视化把数据转换成图形，给予人们深刻与意想不到的洞察力，在很多领域使科学家的研究方式发生了根本性的变化。

油气藏数据可视化技术是通过运用地质建模技术、数值模拟技术、二维或三维可视化等核心技术，使地下油气藏以虚拟现实或三维可视化的方式进行场景显示，实现计算机上洞察油气藏和再现油气藏生产历史、生产现状，从而为实现油气藏的高效管理和精细研究与决策提供实景再现手段。

油气藏可视化是数字油田建设的核心内容之一，通过对地下油气藏进行数字化表征，可以极大地提高油气藏的科学研究和生产部署效率，实现高效科学的油气田开发，从而提高油田的最终采收率。长庆油田数字化油气藏研究中新开发的可视化技术主要包含三种技术：图表关联、四维模型和报表技术。

（1）图表关联。

以勘探生产管理等业务为例，将钻井报表、试油报表、周报等图表进行关联，提供相关的信息补充，共同为预探钻井运行的方案决策提供支持。例如，通过自动汇总统计系统采集到的现场地震、钻井、试油/气等生产实时数据，系统自动生成各油气预探、评价等 6 个项目组的钻前周报、钻井日报、试油/气日报等实时报表，同时系统还动态生成各类"活数字"在地质图件中，便于快速定位查看统计报表，报表任意单元格中的数字、井号与地质图件上的井位关联，以可视化方式，高亮直观展示钻井、试油实施进展的空间分布情况，从而实现生产、研究、决策的实时互动。

（2）四维模型。

在油气藏精细描述中，通过应用油藏工程的专业软件对油藏进行数值模拟，构成三维地质模型。在此基础上，添加时间信息，可以在三维图上观察到开发现状的压力分布、剩余油分布等随时间变化的多个参数变化情况，形成四维油气藏地质模型，以描述油藏随时间变化的动态特征。

（3）报表技术。

以油气藏数据链技术为基础，通过建立相关数据的标准和规范，开发数据的自动解析功能，实现了油气预探、评价等 6 个项目组钻井、试油(气)生产日报、周报等数据的自动汇总、在线分析，能够实时动态地生成各类生产运行情况表，如图 3.9 所示。

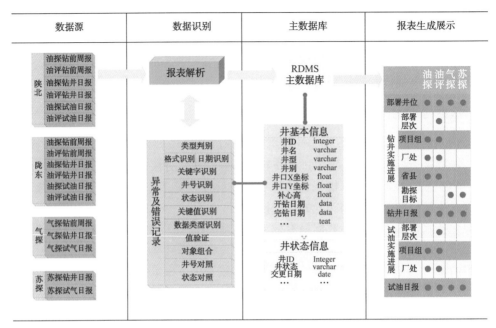

图 3.9 生产报表解析流程图

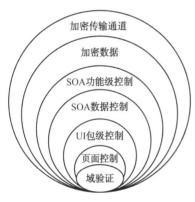

图 3.10 安全控制 7 层管控机制

3.2.3 数据链安全技术

为保障 RDMS 系统安全和数据安全，在 RDMS 应用中，采用传输信道加密、数据加密、功能及数据权限控制等 7 层安全管理技术，如图 3.10 所示，并对用户操作进行后台实时监控及异常行为报警，实现了数据传输安全可靠，权限配置灵活快捷。

（1）传输信道加密。

系统应用过程中，涉及大量具有商业秘密性质的数据，而这些数据从服务器到客户端需要经过网络通道来传输，需要建立一个安全传输通道，来保证数据传输的安全。

SSL（Security Socket Layer）的中文全称是加密套接字协议层，它位于 HTTP 协议层和 TCP 协议层之间，用于建立用户与服务器之间的加密通信，确保所传递信息的安全性，同时 SSL 安全机制是依靠数字证书来实现的。用户在使用系统前需要在浏览器中导入 RDMS.cer 数字证书，才能正常登录系统获取数据。

用户与服务器建立连接后，服务器会把数字证书与公用密钥发送给用户，用户端生成会话密钥，验证数字证书是否一致，并用公共密钥对会话密钥进行加密，然后传递给服务器，服务器端用私人密钥进行解密，这样，用户端和服务器端就建立了一条安全通道，只有获得 SSL 允许的用户才能与服务器进行通信。

（2）数据加密。

数据加密（Data Encryption）技术是指将一个信息（或称明文）经过加密钥匙及加密函数转换，变成无意义的密文，而接收方则将此密文经过解密函数、解密钥匙还原成明文。

RDMS 平台数据加密技术要求只有在指定的用户或网络下，才能解除密码而获得原来的数据，需要给数据发送方和接受方分配密钥。本系统采用运算量小、速度快、安全强度高、广泛被采用的 DES 对称密钥算法。

在 RDMS 平台加密的传输通道中的数据实体同样经过安全性极高的加密处理，不但可以防止非授权用户的窃听和接入，而且也是对付恶意软件的有效方法。

（3）统一的邮箱认证。

系统用户账号统一采用员工的中石油邮件账号，当用户登录系统时，输入登录名密码后，先链接到中石油公司的邮件服务器进行验证，当用户名、密码与邮件服务器账号、密码匹配时则通过验证，认为是合法用户，然后再进入系统用户认证模块进行二级验证。

拥有邮箱账号的用户为油田正式职工，限定了用户范围，保证了用户使用数据的安全。此外，管理员不能修改任何用户的密码，只有用户自己可以通过邮件系统来修改密码，有效限制了管理员权限。

（4）功能级权限控制。

企业应用中的访问控制策略一般有三种：自主型访问控制方法（DAC）、强制型访问控制方法（MAC）和基于角色的访问控制方法（RBAC）。其中，自主型太弱，强制型太强，二者工作量大，不便于管理。基于角色的访问控制方法是目前公认的解决大型企业的统一资源访问控制的有效方法，其显著的两大特征是：①减小授权管理的复杂性，降低管理开销；②灵活地支持企业的安全策略，并对企业的变化有很大的伸缩性。其基本思想是根据需要定义各种角色并设置角色的访问权限，而用户根据其职责和岗位被指派为不同的角色，它使得授权管理变得简单。这样整个访问控制过程就分成了两部分：访问权限和角色相关联，角色再和用户相关联，从而实现了用户与访问权限的逻辑分离，如图 3.11 所示。

用户（Users）　　角色（Roles）　　权限（Priviledges）

图 3.11　基于角色的访问控制

RDMS 系统采用基于角色的访问控制方法，根据用户岗位来分配功能权限，每项功能都要经过授权才能使用。权限管理通过角色、组织机构权限控制来实现，同时还可以对某个用户单独分配权限，保证用户权限配置灵活、快捷、可控。此外，RDMS 平台根据实际应用，还将组织机构看作是特定的角色，默认为某个单位下的用户分配一些权限，进一步提高了安全配置的灵活性，使授权更简单易行。

（5）数据级权限控制。

数据级权限控制就是对用户可访问的数据范围、数据内容进行限制，不同部门、单位查询的数据范围可以不一样。数据级权限管理按照角色可以按油气田、区块、地质层位、井别、组织机构等约束条件来定义各种数据的访问权限，对不同用户可查询的相关数据范围实现了有效控制。

（6）页面级、按钮级权限控制。

RDMS 平台采用 Silverlight 技术作为前端展示框架，系统不仅能够对功能、数据范围进行控制，还可以对每个功能模块中的按钮操作权限进行控制，实现了微粒度级的权限管理。如用户可以进入研究工作平台的油田开发研究环境，在界面中的条件输入框、查询按钮、导出按钮、排序等都可以控制是否能够使用。

(7) 日志记录。

系统运行日志完整记录用户上线的各种操作，包括登录信息、使用模块、页面地址、参数、浏览及下载的数据等。运行监控平台通过在线分析运行日志，实时预警异常查询、下载行为，并能够及时中断有异常行为的用户连接，保证数据安全。

总之，数据链安全技术贯穿 RDMS 系统整个应用过程，对系统的正常运行起到了"保驾护航"的作用。

3.3 面向应用的数据服务

3.3.1 数据服务的概念

数据服务(Data as a Service，DaaS)是一种新的数据资源使用模式和一种新的服务经济模式，它通过将各类数据进行封装，对服务消费者提供无处不在的、标准化的、随需的检索、分析与可视化服务交付。

数据服务将数据作为一种商品提供给任何有需求的组织或个人。面向服务的体系架构(Service Oriented Architecture，SOA)是一种业务驱动的、粗粒度、松耦合的服务架构，支持对业务进行整合，使其成为一种相互联系、可重用的业务任务或服务，是实现数据服务最有效的方法。基于 SOA 的数据服务体系架构如图 3.12 所示。基础异构数据资源经过数据整合后生成符合公共语言模式的视图，最后利用 Web service 技术将视图封装成具有公共接口的服务供用户调用，从而实现数据资源的按需获取。

数据中心作为油田公司的数据服务机构，必须面向油田各二级单位用户和各油田终端用户行使数据服务职能。长庆油田油气藏数据中心在运行过程中需要研究并解决好以下三个问题：

(1) 改变传统的对数据重要性认识不足的问题。

数据的地位需要在数据中心中大大提高，数据要放在基础性工作的地位上。重视数据中心的建设和数据的管理，把数据中心看作是油田企业的资产和资源中心，只有这样才能将数据中心建设好。

(2) 改变传统被动的数据服务方式，变被动为主动。

过去是等待用户来要数据，现在要主动地推送数据给用户。可以通过移动互联等多种方式，不断地为用户提供数据信息，告诉用户数据是什么状态，在什么地方，能够发挥什么作用，其他用户使用后有什么成果等。

(3) 利用大数据分析技术为用户提供个性化数据服务。

根据数据中心掌握的海量数据，利用大数据分析技术，发掘不同用户的不同偏好，根据用户的关注焦点为用户提供个性化数据服务，从而让数据更快地流转和转化为信息，形成有价值的油气资源。

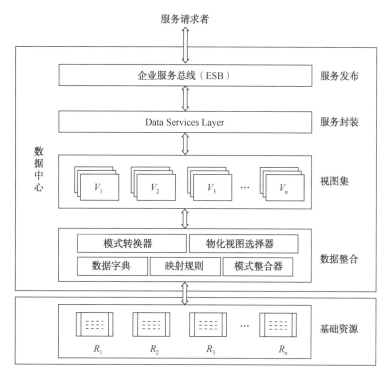

图 3.12　基于 SOA 的数据服务体系结构

3.3.2　研究岗位数据服务

长庆油田在构建智能油气藏数据中心过程中，以油气藏数据链技术为手段，面向科研人员，针对不同业务岗位定制工作场景，为其提供便捷的数据组织、专业软件接口、成果传递共享、辅助分析工具等功能，实现了油气藏在不同业务阶段研究成果的快速传递、继承与共享，从而实现了面向岗位应用的数据服务，形成了良好的数据服务模式，有效改善了员工的科研工作方式。

油气藏数据服务技术架构由数据层、数据链和应用层组成，如图 3.13 所示。

数据层是整个平台的基础，为油气藏研究提供基础的数据源保障。数据层包括专业数据库整合、生产实时数据采集及研究成果数据的标准化归档，并通过建立油气田主数据库，逻辑关联勘探开发各类数据，实现统一管控及集成应用。

数据链层根据油气藏勘探开发业务岗位定制数据服务场景，实现各单位、各部门、各岗位之间的数据标准化传递与共享，为应用层提供数据服务。

应用层为各类用户按应用需求搭建研究环境，实现研究数据的按需查询、专业软件接口的集成应用、模型工具的在线应用以及数据归档和成果审核等流程的管理控制，为油气藏一体化研究提供集成环境。

油气藏数据服务可以提供以下功能：

（1）研究环境定制开发。

在油气藏数据链技术中，数据集是数据链中的最小数据传递单元和数据应用单元，链

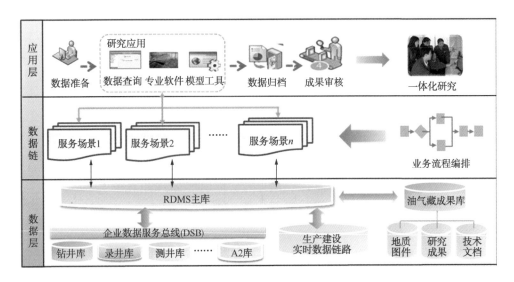

图 3.13　油气藏数据服务技术架构

节点对应岗位，数据链为各应用场景提供数据以及岗位与业务之间的逻辑关联。为此，各个业务阶段的研究环境实际上是各个业务主题对应的数据链。

运用油气藏数据链技术，按照油气藏勘探开发各业务阶段的标准业务流程，结合实际工作岗位划分，以岗位为中心关联业务和岗位研究所需的各类数据，可以为每个业务阶段建立研究环境。同时，针对每个岗位，通过承担人、任务范围、区域主管及研究时间段等建立各个岗位任务，实现研究环境的定制开发，从而实现科研人员通过岗位任务开展具体岗位研究工作。

例如，针对勘探开发研究院，根据业务流程，可以搭建油气勘探、油藏评价、油气生产、油气开发及储量计算、测井评价、地球物理、分析试验等13个研究环境。针对油气勘探业务，其目标是通过对地层、圈闭、物源、砂体、储层及成藏模式研究，寻找石油聚集有利区。围绕这一目标，油气勘探研究环境可划分为地层对比、构造解释、沉积相分析、圈闭评价、油藏特征研究、物源分析、砂体展布等14个岗位，结合开展油气勘探研究工作的所有人员，针对每个岗位，通过承担人、任务范围、区域主管、科室负责人及研究时间段可以唯一确定岗位任务，科研人员能够通过岗位任务开展研究工作，图3.14展示了油气勘探研究环境中的地层对比岗的运行情况。

（2）基于岗位的数据推送。

结合实际业务工作，可以建立业务岗位与人员、任务、常用数据集之间的对应关系。科研人员选择业务阶段进入研究环境后，当按照业务范围处理岗位任务时，输入检索条件，通过标准业务流，一体化研究环境能够快速推送从事岗位研究需要的常用数据，方便研究人员使用，提高了数据利用效率。例如，对于油气勘探研究环境的地层对比岗来说，从事该岗位任务需要参照分层数据、测井数据、地层划分方案、沉积相划分方案，同时，需要对比前人已经完成的一些成果图件，如地层对比剖面、等值线图、区块柱状图等。一体化研究环境能够提供对这些常用数据集的快速查询、推送及下载，如图3.15所示。

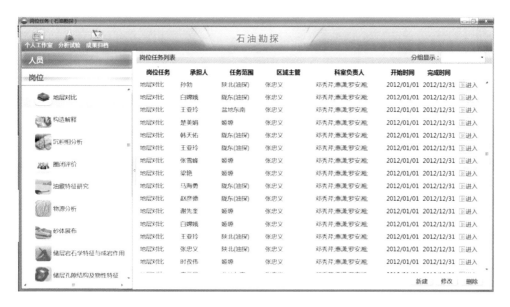

图 3.14　岗位任务列表——地层对比岗

图 3.15　基于岗位的数据推送界面

通过岗位数据的自动推送，实现了数据组织方式从分散到集成、从静态到动态、从查找到推送的根本转变，改变了以往应用各专业数据库和信息档案查找资料的工作方式。

（3）全系统数据的快速检索。

油气藏一体化研究环境采用全文检索搜索引擎，通过建立索引库，按类别提供对油气藏研究全系统数据的快速检索，实现了数据规范化入库、快速检索及共享。

① 数据规范化入库。一体化研究环境利用数据整合技术，集成了油气田公司已建成的专业数据库中的数据，同时把科研人员科研生产工作中生成的非结构化或半结构化数据

进行了规范化入库，即将油气藏研究涉及的各类数据(结构化、非结构化、半结构化)，包括区域勘探、油气预探、油藏评价、油气开发、测井评价、地球物理、提高采收率等多个专业领域的数据，依据数据标准进行分类和组织，形成一体化、集成化的知识源，从而为知识共享提供数据源。

② 数据快速检索。为数据源建立索引库，以每个归档文件的文件名、关联信息、提交人等为索引项，提供按类别的全空间快速数据检索功能。

③ 数据共享。针对某一关键字，以数据集为单元，实现 RDMS 全系统范围内各类数据的快速检索及数据量统计，并支持统计结果的在线浏览和下载，从而实现知识查询、共享。

(4) 专业软件的数据推送服务。

针对油气藏研究涉及的地震处理解释、测井评价、地质研究、地质建模、数值模拟等大型主流专业软件，通过数据快速提取、标准格式自动转换等功能，实现了油气藏数据到专业软件的"一键式"推送。面向专业软件的数据推送界面如图 3.16 所示。

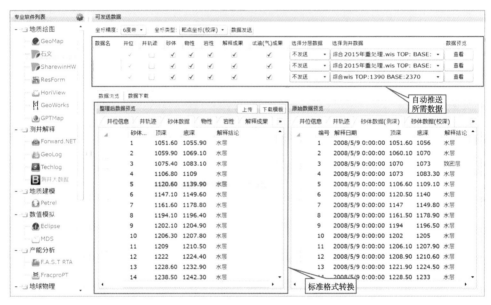

图 3.16　面向专业软件的数据推送界面

第4章 油气藏业务梳理与标准化

油气藏的勘探开发是一个复杂的系统工程，包括地质、物探、钻井、完井、开采、集输、加工等多个工业流程，每个工业流程中又包括了多个业务类型，每个业务类型中还包括多个业务流程。为了实现油气藏研究的数字化，根据信息资源规划理论，对油气藏研究与决策的业务类型、业务流程及流程中的结构、数据及其链接等进行全面梳理，划分业务类型下的每一项业务子模块，制定每一个业务子模块的研究流程、研究内容、研究方法与工具、数据，并建立相应的规范及标准，为构建油气藏研究与决策支持平台创造条件。

4.1 信息资源规划理论及方法

信息资源规划（Information Resource Planning，IRP）是指对企业生产经营所需要的信息，从采集、处理、传输到使用的全面规划；是制订信息化的系统架构、确定信息系统各部分的逻辑关系，以及具体信息系统的架构设计、选型和实施策略，对信息化目标和内容进行整体规划，全面系统地指导信息化的进程，协调发展地进行信息技术的应用，从而满足企业发展对信息处理与利用的需要。

在企业的生产经营活动中，无时无刻不充满着信息的产生、流动和使用。要使每个部门内部、部门之间以及部门与外部单位的频繁、复杂的信息流畅通，充分发挥信息资源的作用，进行统一的、全面的规划是非常重要的。

4.1.1 信息资源规划相关概念

大型企业，尤其是大型企业集团，投以巨资建立起来的通信-计算机网络、各种生产自动化控制系统及经营管理信息系统，由于缺乏顶层的统筹规划和统一的信息标准，致使设计、生产和经营管理信息不能快捷传输高效共享，形成了许多信息孤岛，没有发挥投资信息化的效益；此外，一些企业准备引进实施企业资源计划（ERP）、客户关系管理（CRM）和供应链管理（SCM）等管理软件，虽然经过调研考察，参加过培训研讨，仍然没形成明晰的思路，导致一些管理咨询无效、系统实施失败的案例时有发生。

要解决上述问题，需要进行科学的信息资源规划。通过信息资源规划，可以充分地梳理业务流程，搞清信息需求，建立企业信息标准和信息系统模型。用这些标准和模型来衡量现有的信息系统及各种应用，符合的就继承并加以整合，不符合的就进行改造优化或重新开发，从而能积极稳步地推进企业信息化建设。

信息资源与人力、物力、财力和自然资源一样，都是企业的重要资源。因此，应该像管理其他资源那样管理信息资源。搞好信息资源管理的目的是通过企业内外信息流的畅通和信息资源的有效利用，来提高企业的效益和竞争力。显然，搞好企业信息资源开发利用的前提是首先搞好信息资源规划。

从理论和技术方法创新的角度看，信息资源规划的要点包括以下几个方面：

（1）在总体数据规划过程中建立信息资源管理基础标准，从而落实企业数据环境的改造或重建工作。

（2）工程化的信息资源规划实施方案，在需求分析和系统建模两个阶段的规划过程中执行有关标准规范。

（3）简化需求分析和系统建模方法，确保其科学性和成果的实用性。

（4）组织业务骨干和系统分析员紧密合作，按周制订规划工作进度计划，确保按期完成规划任务。

（5）全面利用软件工具支持信息资源规划工作，将标准规范编写到（"固化到"）软件工具之中，软件工具就会引导规划人员执行标准规范，形成以规划元库（Planning Repository，PR）为核心的计算机化文档，确保与后续开发工作的无缝衔接。

4.1.2 信息资源规划的步骤

在油气田企业的数字化建设中，信息资源规划的步骤通常包括：

（1）环境分析。

对企业所处的运行环境进行结构化分析是信息化规划必不可少的工作，也是信息资源规划的基础工作和基本依据。通常，需要深入分析企业所处的国内外宏观环境、行业环境、企业具有的优势与劣势、面临的发展机遇与威胁等，还要分析行业的发展现状、发展特点、发展动力、发展方向，以及信息技术在企业发展中所起的总体作用及其作用的分布点；同时，也要分析并掌握信息技术本身的发展现状、发展特点和发展方向，找到信息技术与企业发展的有效结合路径。

（2）企业现状评估。

对企业的现状分析与评估应该从两个方面着手：企业的业务能力现状和企业的信息化现状。企业的业务能力分析是对企业业务与管理活动的特征、企业各项业务活动的运作模式、业务活动对企业战略目标实现的作用进行分析，揭示现状与企业远景之间的差距，确定关键问题，探讨改进方法。信息化现状分析是诊断企业信息化的当前状况，包括基础网络、数据库、应用系统状况，通过分析信息系统对企业未来发展的适应能力，给出信息化能力评估。

（3）业务流程优化。

分析并确定那些业务流程中不合理、效率低、与企业战略目标不符的流程及环节，发现能够在现有环境中实现企业战略目标，并使企业获得竞争力的关键业务驱动力以及关键流程，从而根据企业战略目标和外部环境，进一步优化业务流程。

信息系统如果能够和这些直接创造价值的关键业务流程融合，这对信息技术投资回报的贡献是非常巨大的，也是信息化建设成败的一个衡量指标。因此，业务流程分析与优化是实现信息化与企业业务融合的前提。

（4）信息化需求分析。

信息化需求分析是在企业战略分析和现状评估的基础上，按照优化流程的业务运作模式，制订企业适应未来发展的信息化战略，指出信息化的需求。信息化需求分析包括系统基础网络平台、应用系统、信息安全、数据库等需求。

（5）总体构架和标准。

在企业发展战略目标的指导下，基于业务发展需求和对信息化的需求，从系统功能、信息架构和系统体系等三方面对信息系统应用进行规划，确定信息化体系结构的总体架构。同时，还需要拟定信息技术标准。这一部分涉及对具体技术产品、技术方法和技术流程的应用，对信息化的总体架构形成技术支持。通过选择具有工业标准、应用最为广泛、发展最有前景的信息技术，可以使企业信息化具有良好的可靠性、兼容性、扩展性、灵活性、协调性和一致性，从而提供安全、先进和有竞争力的服务，并且能够降低信息系统的开发成本和时间。

（6）信息化项目分解。

分析整个信息化建设过程中的资源投入和工作重点中存在的问题，确定弥补差距所需要的行动方案，将整个信息化过程分解成为相互关联、相互支撑的若干个子项目，定义每一个子项目的范围、业务前提、收益和优先次序以及预计的时间、成本和资源；并对项目进行分派和管理，选择每一个项目的实施部门或小组，确定对每一个项目进行监控与管理的原则、过程和手段。

长庆油田为实现建设西部大庆、国际化油气公司的发展目标，根据信息资源规划的理论与方法，分析发现企业所处的基本环境是：油气田开发的范围广、地质条件差、工程系统复杂、高技术投入多、资金投入多、开发风险高。因此，需要利用信息技术建立油气藏研究与决策支持系统（RDMS），从而实现成本控制、风险降低、提高效率；同时，为构建RDMS系统，需要对与油气藏研究与决策相关的研究数据、业务流程、数据模型、业务岗位等进行标准化。

4.2　油气藏数据标准化

油气藏研究工作需要大量的数据，这些数据来源不同、种类不同、用途不同，格式也复杂多变，由于数据管理体制中的部门分割，常常不利于油气藏研究及决策业务的高效运行。因此，在建立数字化油气藏系统时，需要通过划分油气藏业务数据的类型，定义每种数据的内涵、功能、存储格式等要素，实现油气藏业务数据的标准化。

4.2.1　基础数据标准化

基础数据是油气藏研究工作的基础，包括原始数据和过程数据，如井、站库、地质单元、组合单元、组织机构等核心实体数据，是支持生产数据采集、生产日报、油藏月报等油气藏研究与决策的基础。如果这些基础数据的格式、规范不一致，会造成业务流程中各岗位的沟通困难，使得油气藏研究工作无法正常开展。因此，对基础数据进行标准化成为数字化油气藏建设的前提。

数据标准化的重要作用在油气藏研究中体现在：

（1）规范和统一数据的采集与应用；

（2）构筑数据共享的基础，为不同系统多种模式的数据存取和数据共享提供数据转换格式和编程接口；

（3）实现对油气藏数据在"数据"层面上的管理，从而使"应用软件"真正与"数据"分家，使应用软件的开发更具灵活性；

（4）是构建统一、集成、高效的油气藏数据模型的基础。

对油气藏的基础数据开展标准化建设，主要方法有：

（1）制定数据标准，编写数据集应用手册。对勘探开发研究院、油气工艺研究院等单位的石油勘探、油藏评价、天然气勘探、油气田开发、油气藏研究、储量管理、经济评价、区域勘探、分析化验、地球物理等23个研究主题的业务流、数据流和岗位进行梳理和优化，制定相关数据标准，并编写每个研究主题的数据集应用手册。

（2）数据的规范化描述。数据元的规范化描述是指按照 EPDM 标准规范对于所提取的数据的属性进行描述。

（3）建立并使用油井、气井、水井生产数据采集模块。油井、气井、水井生产数据采集模块实现了源数据的规范采集和统一录入，主要包括井生产日数据、站库计量数据、有关机采数据和测试数据，采集数据项达590多项，建立严格的数据质量标准和直观的质量控制手段，实现了数据的标准化采集。

（4）建立并使用基础信息维护模块。按照井的生命周期，建立了井设计、完井、投产至报废的一体化生产信息管理体系，创建了跨部门、跨单位、跨专业的信息采集与管理流程，保证了数据的唯一性与及时性。

4.2.2 成果数据标准化

油气藏数据具有多种表现形式，其中的地质图件是油气藏地质数据的主要描述形式之一。先进的油气藏描述技术已经应用 3D 及 4D 技术来展示油气藏的地质图件。随着 IT 技术的发展，地质图件的展现方式更为灵活，由传统的挂图及图册向基于互联网的电子地图模式延伸，而地图的应用模式也由传统的图形资料查看向多维、数字化高清、自由导航等方向发展。目前，地质图件的无级缩放与地质图元的导航技术成了数字化油气藏研究中心建设的关键。

地质图件的无级缩放与地质图元的导航需要对图层图件进行分级定义以及标准化。但是，目前的国内标准 SY/T 5615—2004 没有提出图层标准并进行分级细分，而标准 DZT-0197—1997 也仅仅规定了地质图件图层的属性及图元编码，主要用于出图，而未规定地质图元的内在联系，图元间拓扑关系、图件中图层划分不够细致，导致数字化油气藏地质图件成果无法在统一数字平台下同时呈现，给数字化油气藏研究与决策平台建设造成困难。因此，为了满足长庆油田勘探开发业务实际，结合国家标准、行业规范，必须对图层进行分级分层定义以及标准化才能实现数据链的标准化。

另外，从图件统一管理的角度，也需要标准化图件。即这些图件需要涉及图层的统一，明确图层的图元类型的统一，从而实现地质图件符号与空间数据的统一表达，用以支撑研究与决策平台的迅速响应。通过统一数字化油气藏各类地质图件和图层的编制、绘制以及专业软件开发标准化，使油气藏勘探开发图层、图件更好地满足油气藏数据链的建设要求。

地质图件标准化工作需要进行以下三个步骤：

（1）确定图件的属性和类别。

图件的类别主要有下面 5 种：

① 剖面图（section diagram）。沿地球表面一条线切开的断面上，表达石油天然气地质信息变化的图件。有构造剖面图、油气藏剖面图等。

② 柱状图（column diagram）。表达垂直地层走向的铅垂地层剖面中的地层、构造、岩石岩性、颜色、油气显示和沉积相等信息随深度变化的图件。

③ 图元（drawing element）。组成图件的各种符号，有图形、图标、注记等。

④ 图层（drawing layer）。在计算机辅助制图中置于同一个层面上某一类图元的集合。

⑤ 平面图（plane diagram）。以 GeoMap 和 MapGIS 等软件格式为例，是按一定比例尺和科学投影系统绘制的表达平面地质地理的图件。其组成包括数学基础、地理要素、专业要素、整饰要素等四部分。数学基础：在地图上表现为坐标网、比例尺、投影等。地理要素：包括居民地、公路、水系、境界、地貌、植被等。专业要素：包括井位、地质要素、矿权、工作区块、油气储量等。整饰要素：是一组为方便使用而附加的文字和工具性资料，常包括外图框、图名、图例、比例尺、编图单位、编图时间、编图人、绘图人、审核人等。

（2）在制图过程中，要统一高程系与投影系统。

油气藏地质图件采用以下统一高程基准：1980 年西安坐标系、IAG-75 参考椭球体、1985 年国际高程基准。投影系统通常采用两种类型，分别对应中小比例尺与大比例尺地图：

① 对于大比例尺、小区域制图采用高斯-克吕格投影 Gauss Kruger——横切椭圆柱等角投影；

② 对于全盆地或盆地内较大的研究区域采用兰勃特投影 Lambert——双标准纬线正轴等角圆锥投影。

（3）在图件的整体设计方面要贯彻统一的整体观点。

采用统一协调的制图综合原则及整饰方法、地理底图，以保证图件整体的统一协调。根据图层的划分原则，将油气藏地质图件按标准分为三级图层，包括地理信息、构造信息、地震勘探信息、油气田信息、井位信息、注记、图饰、专题等 8 类信息。

4.3 业务流程梳理

油气藏勘探开发包括探明油气储量、综合评价含油气构造、油气井钻井与完井、油气的开采、集输等业务。对各业务运行过程中涉及的内容及方法进行梳理及规范化，是数字化油气藏系统建设的核心工作之一，把数据链融入到油气藏勘探开发的各个业务中，对油气藏勘探开发的高效研究与决策起着关键作用。

4.3.1 业务流程划分

按照油气藏勘探开发的工艺技术及流程划分，主要业务流程包括地质勘查、物探、钻井、录井、固井、测井、射孔、油层改造、试油、采油、作业、修井等，如图 4.1 所示。

此外，从油气藏生命周期角度划分，油气藏勘探开发业务可分为油气藏勘探、油气藏评价、油气藏开发、油气藏废弃四个阶段。每个开发阶段又可分成若干类型的业务。

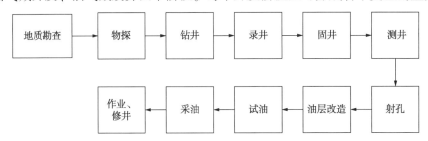

图 4.1 油气藏勘探开发流程

（1）油气藏勘探业务。

油气藏勘探业务按照先后顺序分为油气区域勘探业务和油气工业勘探业务。油气区域勘探业务是以整个沉积盆地或某个区域为研究对象所开展的勘探工作，为了识别勘探区域、探明油气储量而进行的地质调查、地球物理勘探、钻探及相关活动，是油气开采的第一个关键环节。其主要目的是了解沉积盆地的地质概况，查明油气生、储条件，指出油气的有利聚集带，为进一步开展油气工业勘探指出有利的含油构造。显然，其主要内容是地质体的分析及描述，通过各类地质图件对地质体的直观描述和表达，为下一步的评价与开发服务，并非以寻找油气藏为直接目标。

油气工业勘探业务是在油气区域勘探的基础上，针对有利的含油气构造所进行的进一步详细勘探工作，其主要目的是寻找油气藏和查明油气田。

（2）油气藏评价业务。

在预探阶段发现油气后，为了科学有序、经济有效地投入正式开发，对油气藏进行地震详查、精查或三维地震勘探；通过评价井的钻探，查明构造形态、断层分布、储层分布、储层物性变化等地质特征，进一步查明油气藏类型、储集类型、驱动类型、流体性质及分布和产能，全面掌握油气藏的开采技术条件和潜在的开发经济价值。

油气藏评价是油气藏勘探和油气藏开发的衔接过程。一方面，油气藏评价对油气藏勘探的结果进行总结评价；另一方面，也为油气藏开发做准备。

（3）油气藏开发业务。

油气藏开发业务分为：开发方案设计业务、方案实施与监测业务、开发调整业务。

开发方案设计业务是指根据油气藏评价结果，对油气藏开发做出全面的部署和规划。开发方案设计业务需要对油气藏的开发方式、开发井网、开发层系、开发速度等重大问题做出详细的规定。方案实施与监测是指根据开发方案的设计要求，对油气藏实施开发，即进入油气藏全面的开发阶段。伴随油气藏的开发进程，还要实施油气藏开发过程的动态监测。开发调整业务是指根据动态监测的结果，分析油气藏开发过程是否按照原来设计的开发方案逐步进行，若偏离了原设计方案，需要查明偏离的原因，并根据开发方案的运行情况和环境的变化情况，对原设计方案进行调整，并设计开发调整方案，然后进行实施。

（4）油气藏废弃业务。

油气藏开发经过若干次开发调整之后，油气藏的可采储量已基本开采殆尽，油气藏开发已不具有任何经济效益和价值。此时，应设计油气藏废弃方案，终止油气藏的开发过程，油气藏开发至此全面结束。

按照以上两种分类方式，对油气藏勘探开发业务进行了顶层设计与划分，在此基础上，对于每项具体业务，还可以按照业务功能划分为多项二级业务、三级业务，从而形成层次多、范围广，包含成百上千项业务的复杂体系。

油气藏勘探开发是在不断地研究与不断地决策中交互、螺旋式递进而展开，其核心业务也可划分为油气藏研究业务和决策业务。同时，油气藏决策业务流程与油气藏研究业务流程相匹配，按照数据链设计构想，结合具体的决策岗位特征和数据类型，也可划分为综合业务和独立业务。其作用是明确每个岗位的具体工作职能，岗位之间的相互关联，定义每个岗位的数据类型、数据流向，其目的是实现与研究岗位相结合的业务流与数据流的统一。

4.3.2 综合业务

综合业务是与油气藏勘探开发密切相关的综合性业务，其主要目标对象均为油气藏，可按照以下5项具体业务依次开展：盆地区域地质研究、区域地质勘探研究与部署、油气藏地质体描述、油气开发方案设计、油藏管理。同时，每一项业务又可根据业务流程展开下一层的业务。以鄂尔多斯盆地为例对油气藏研究业务进行了系统梳理。

（1）盆地区域地质研究。

盆地区域地质研究是指在野外地质调查的基础上，综合利用露头、参数井、重、磁、电、遥感和区域地震剖面等资料，对盆地类型、基底性质、基底断裂特征和盖层分布进行研究，明确盆地的基本性质；通过构造演化特征的研究分析，确定盆地构造单元的划分，明确盆地埋藏史、构造演化史和地层厚度平面分布特征；通过野外露头、参数井岩心观察等描述，在地层划分和对比的基础上，初步明确盆地中生界三叠系延长组和侏罗系及古生界等各期沉积物的沉积特征，并进行含油气性评价；利用地质类比、体积法、盆地模拟等多种油气资源评价方法估算中生界油气资源量。在上述各项研究的基础上进行有利勘探区域的优选，提出勘探部署建议。

盆地区域地质研究可分为6项具体业务：盆地性质、盆地构造演化特征、盆地地层划分与对比、盆地沉积特征、地层含油气性评价、油气资源综合性评价。

① 盆地性质。盆地性质可分为鄂尔多斯盆地类型、鄂尔多斯盆地基底性质、鄂尔多斯盆地基底断裂分布特征、盆地盖层分布等几方面的具体工作。

② 盆地构造演化特征。盆地构造演化特征分为鄂尔多斯盆地构造单元划分图、鄂尔多斯盆地埋藏演化史、鄂尔多斯盆地构造演化史等几方面的具体工作。

③ 盆地地层划分与对比。盆地地层划分与对比分为鄂尔多斯盆地及周边地区中生界

及古生界地层划分对比、鄂尔多斯盆地中生界延长组及古生界地层划分与对比、鄂尔多斯盆地侏罗系及奥陶系等地层划分对比等几方面的具体工作。

④ 盆地沉积特征。盆地沉积特征主要针对鄂尔多斯盆地中生界及古生界沉积体系的研究。

⑤ 地层含油气性评价。地层含油气性评价分为生油岩评价、储集岩评价、盖层评价、生储盖组合评价、油气显示评价等几方面的具体工作。

⑥ 油气资源综合评价。油气资源综合评价主要开展油气资源的综合评价,分为含油气的面积、储量、经济性等工作。

（2）区域地质勘探研究与部署。

区域地质勘探研究与部署可分为3项具体业务:基础地质研究、成藏条件研究、成藏规律研究。

基础地质研究是在区域构造解析基础上分析盆地构造及其演化特征,结合古流向、轻重矿物分析、稀土元素、阴极发光开展沉积物源研究;综合利用野外露头、岩心观察、测井相分析、古生物、地震储层预测等多种手段,开展单井相、剖面相、平面沉积相及砂体展布特征研究。

基础地质研究可分为地层划分与对比、构造特征、沉积特征三个方面。地层划分与对比是以盆地地质研究及区域地质研究为基础,针对开发目标层系,利用高分辨率地层学,对地层进行对比划分与对比,为油气藏下一步研究提供基础。

成藏条件研究和成藏规律研究主要包括:分析油、气、水物理、化学性质,开展生储盖组合、油气水运移通道、圈闭评价研究。通过烃源岩地球化学、生烃潜力评价、油源对比等方法来评价烃源岩的生烃强度;通过大量的统计分析和岩石薄片鉴定分析,研究储层岩石学特征、微观孔喉结构特征、储层物性特征、成岩作用及成岩相,开展储层含油性评价工作;通过地层温压特征、流体性质和构造特征分析研究流体势分布,确定油气运移方向;通过盆地模拟分析研究确定目的层地史、热史、生烃史、排烃史和油气运聚史,结合生储盖组合特征和油气水分布规律总结成藏模式。

成藏条件研究和成藏规律研究也可分为油藏特征研究、成藏动力及运移方向研究、成藏期次研究、成藏模式研究等。

（3）油藏地质体描述。

地质体描述可分为7项具体业务:地层划分与对比、构造特征描述、沉积特征描述、储层特征描述、油藏特征描述、储层综合评价、三维地质建模。

其中,储层特征描述是在区域地质背景下,研究储层沉积微相分布规律,划分有利成岩相,精细描述储层非均质性,综合评价储层有效性及其分布特征。储层特征描述分为岩石学特征、微观孔隙结构、物性特征、非均质性分析、渗流物理特征、流动单元、裂缝发育特征等几方面的具体工作。油藏特征描述是根据油藏地质解剖结果、实测压力和温度数据,划分地质类型,确定气藏温度和压力条件,分为油层特征、流体性质、油藏类型几方面的具体工作。

盆地区域地质研究、区域地质勘探研究与部署、地质体描述等业务主要在勘探评价阶段开展,其岗位设置、业务流程以及输入、输出数据集如图4.2所示。

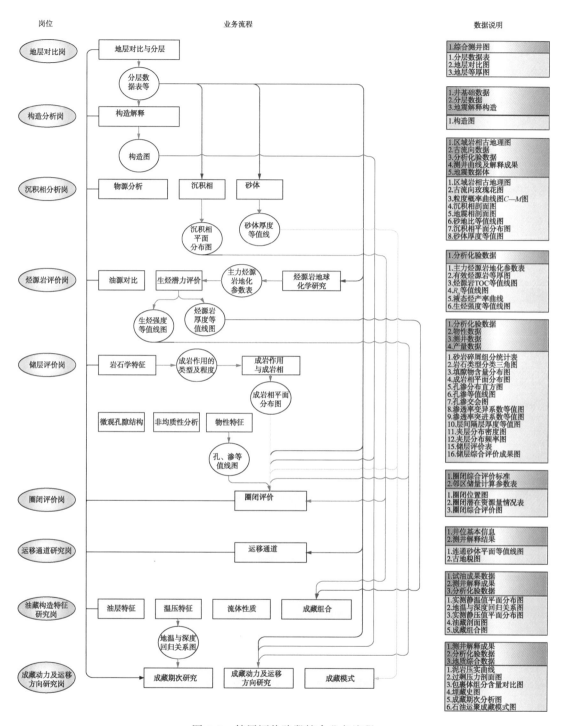

图 4.2　储层评价阶段综合业务流程

（4）油气藏开发方案设计。

开发方案设计可分为 3 项具体业务：油藏工程设计、方案部署、开发指标预测。该业务涉及岗位、业务流程以及输入、输出数据集如图 4.3 所示。

岗位　　　　　　　　　　业务流程　　　　　　　　　　数据说明

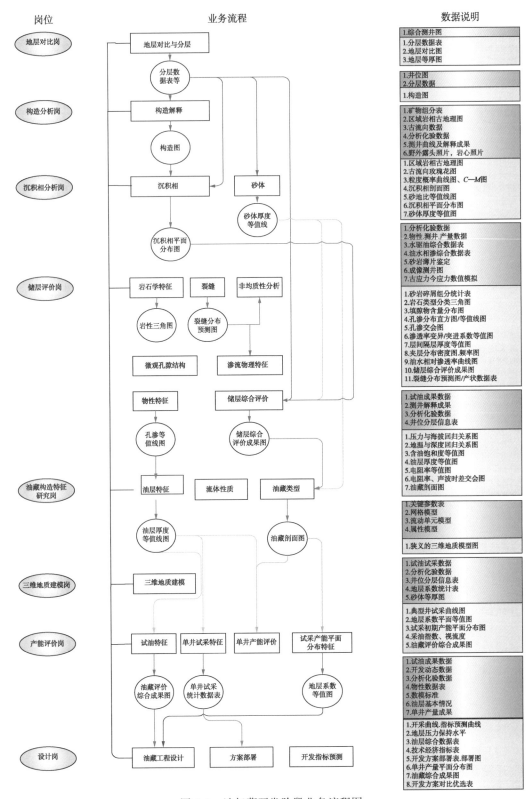

图4.3　油气藏开发阶段业务流程图

① 油藏工程设计。油藏工程设计分为丛式井、水平井两方面的具体工作。

丛式井的设计包括开发方案研究、井网系统研究、压力系统研究、单井产能评价、注水井日注水量设计、采收率预测。

水平井的油藏工程设计包括开发方式研究、井网系统研究、压力系统研究、单井产能评价、注水井日注水量设计。

② 方案部署。这里指的仅是油藏工程方案设计。在油藏精细描述的基础上，深入油藏动态研究，确定油藏驱动类型、开发方式、层系井网、油井产能、采气速度等开发指标；综合运用油藏数值模拟技术，计算对比方案的开发技术指标，推荐最佳开发方案，指导油藏科学开发。

（5）油藏管理。

油藏管理分为生产动态分析、油藏动态分析、开发调整方案和稳产及开发调整方案几方面的具体工作，涉及岗位、业务流程以及输入、输出数据集如图4.4所示。

生产动态分析：跟踪分析单井、井区、油田的油气生产动态、跟踪分析油气产量变化情况；根据不同开发阶段的特点，制订生产动态监测计划，开展压力监测、流体监测、腐蚀监测，做好产油剖面、试井试采测试，掌握整个油田生产情况。

油藏动态分析：通过大量的油水井第一性资料的研究分析油藏的变化，进而提出调整挖掘生产潜力措施，并预测今后的发展趋势。油藏动态分析任务包括油田原油任务、油田注水任务、油水井管理、井组管理、区块管理、油气可采储量。

开发调整方案：充分研究油田开发过程中动态变化的特点及趋势，针对不同开发阶段所暴露的矛盾，开展以增加可采储量、提高油田开发水平和总体效益为根本目的的各项工作，并对开发指标和开发效益进行预测。开发调整方案主要包含室内评价、矿场试验、油藏工程设计、方案调整、指标预测等业务。

稳产及开发调整方案：在油气藏动态分析基础上，修正前期地质模型，进行数值模拟分析预测，研究剩余储量分布及开发潜力，提出稳产及开发调整方案，通过合理配产、部署分布新井、补孔调层、打加密井等措施，达到提高储量动用程度、延长稳产期、提高采收率的目的。

4.3.3 独立业务

独立业务流程是为了区别直接进行的石油与天然气勘探开发业务流程，而相对"独立"的业务，按照地质特征、专业区别，分为以下业务：

（1）地下水开发。

地下水开发包含水文地质研究、开发技术政策等，涉及岗位、业务流程以及输入、输出数据集如图4.5所示。

① 水文地质研究。水文地质研究可分为5项具体业务：自然地理、地质体特征、水文地质特征、水化学特征、水资源评价。

② 开发技术政策。开发技术政策可分为3项具体业务：取水方式、井距优化、单井稳定产水量确定。

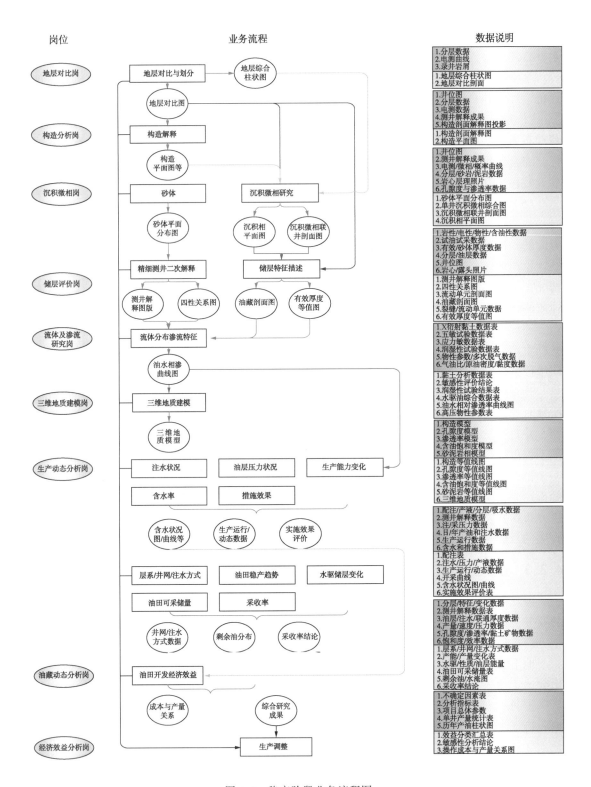

图 4.4 稳产阶段业务流程图

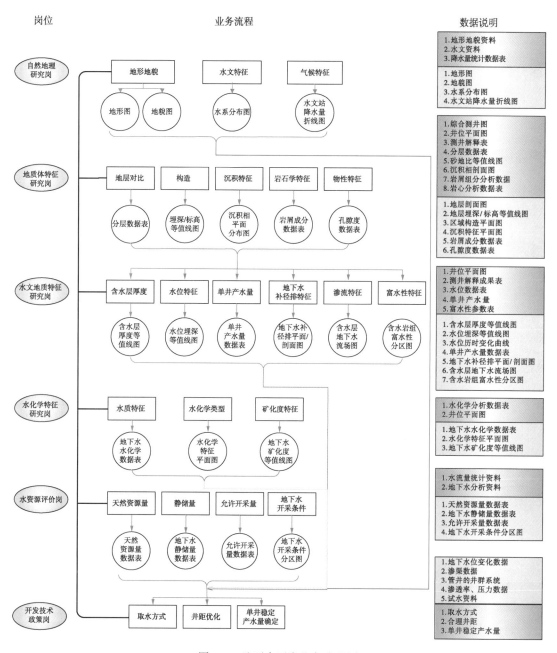

图 4.5　地下水开发业务流程图

（2）储量计算与评价。

储量计算与评价包含三项业务：储量计算、储量评价、SEC 储量评估，涉及岗位、业务流程以及输入、输出数据集如图 4.6 所示。

① 储量计算。储量计算通常有 4 种方法：容积法、物质平衡法、产量递减法、概率法。

容积法分为储量计算单元划分、储量类别界定、储量参数取值、储量计算。

岗位　　　　　　　　　业务流程　　　　　　　　　数据说明

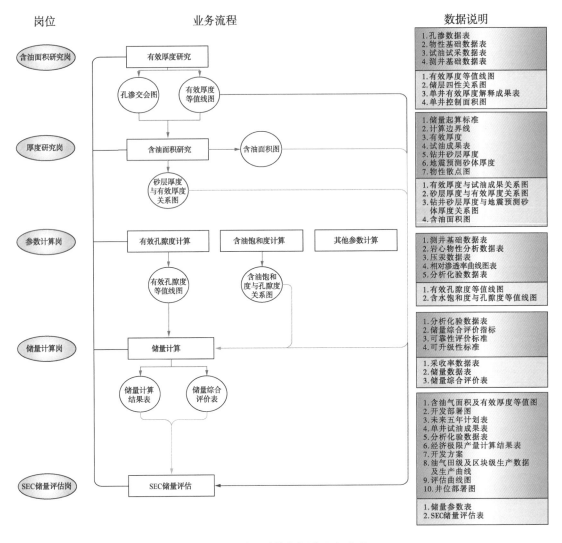

图 4.6　储量计算与评价业务流程

储量类别界定划分为探明储量、控制储量和预测储量。

储量参数取值包含含油面积、有效厚度、有效孔隙度、原始含油饱和度。

储量计算的业务流程如下：a. 储量潜力分析及目标区块优选，对全盆地储量潜力区块进行摸底，优选目标区，确定年度新增储量区块位置。新增储量区动态跟踪，确保储量区资料完整。资料录取跟踪是根据实际录取情况，及时增补高压物性、密闭取心、压力测试等资料；同时，对面积内完钻、完试井进行跟踪统计，及时调整储量面积。b. 储层特征研究，对岩性、物性、沉积微相、孔隙类型及孔隙结构等特征进行综合研究，结合储层分类，对新增储量区储量进行综合评价。c. 储量区块油气藏特征研究，对油气藏控制因素、油藏类型、压力与温度、流体性质、地层水性质、油藏产能情况进行详细描述。d. 计算单元划分与储量类别界定，根据油气藏发育特征及在平面和纵向上的分布特点，结合勘探开发现状及储量计算要求，划分不同的计算单元。对单元内勘探开发程度进行详细描述，包括地震、钻井、试油（气）、取心、分析化验等工作量。e. 储量起算标准研究，依据储量规范规定，储量起算标准即储量计算的下限日产量，是进行储量计算的经济条件。f. 储量参数研究，对石油及天然气分别进行研究。石油主要研究：含油面积、有效厚度、有效孔隙度、含油饱和度、体积系数、气油比和地面原油密度；天然气主要研究：含气面积、有效厚度、有效孔隙度、含气饱和度、原始地层压力、地层温度、原始气体偏差系数。g. 地质储量计算与评价，采用确定的各项参数，采用容积法计算地质储量，并对储量规模、丰度、产能、储层物性、油（气）藏埋深、原油性质、天然气组分等进行综合评价。

② 储量评价。储量评价包括储量综合评价、可靠性评价、可升级性评价。

③ SEC 储量评估。采用容积法对扩边与新发现储量及 PUD 储量计算单元进行评估。包括扩边与新发现储量评估；老区已开发储量更新评估：分为老区已开发储量评估、提高采收率储量评估；PUD 储量更新评估：分为 PD 储量更新评估、剩余 PUD 储量更新评估。

（3）经济评价。

通过方案经济评价技术和项目经济评价结论进行油田规划的经济评价，涉及岗位、业务流程以及输入、输出数据集如图 4.7 所示。

经济评价工作流程如下：①选择油气田。②选择项目，主要包括项目类型：新建、扩建和三次采油，项目包含方案数、项目名称。③选择评价方案，主要包括方案税前 NPV、税前 IRR、税前 PT 值、税后 NPV、税后 IRR 以及税后 PT 值。④输出评价报表，包括技术经济指标表、综合指标汇总表、项目投资现金流量表等。

（4）水平井随钻分析。

本业务包含三项工作：地质模型与轨迹设计、现场分析与模型修正、综合分析与方案制订，最终形成单井水平段钻井实施效果图，涉及岗位、业务流程以及输入、输出数据集如图 4.8 所示。

① 地质模型与轨迹设计。地质模型与轨迹设计可分为 6 项具体业务：储层预测、地层格架、构造模型、属性模型、目的层优选、轨迹优化设计。

通过地震剖面、地层厚度、构造形态进行储层预测。不同层段进行地层厚度预测，建立不同层段构造模型和孔隙度、渗透率模型，通过连井剖面对比优选目的层，从而进行井轨迹的方位优化与靶点设计。

② 现场分析与模型修正。通过实时（录井、定向、钻井）资料录入、斜井段（标志层对比、靶点预测与调整）与水平段（地层界面判定与实际倾角估算）的随钻分析进行随钻地质模型的修正，最终进行综合分析与方案制订。

（5）储气库业务。

此项主题业务包含 7 项具体业务，分述如下：

① 气藏基本地质特征，按照地层对比、构造特征、沉积相分析、储层综合评价、圈闭及气藏类型、温压特征及流体性质等 7 个方面的业务进行。

② 气藏圈闭评价，从盖层圈闭性、隔层封闭性论证、气藏边界封闭性论证和圈闭有效性评价等四方面开展业务。

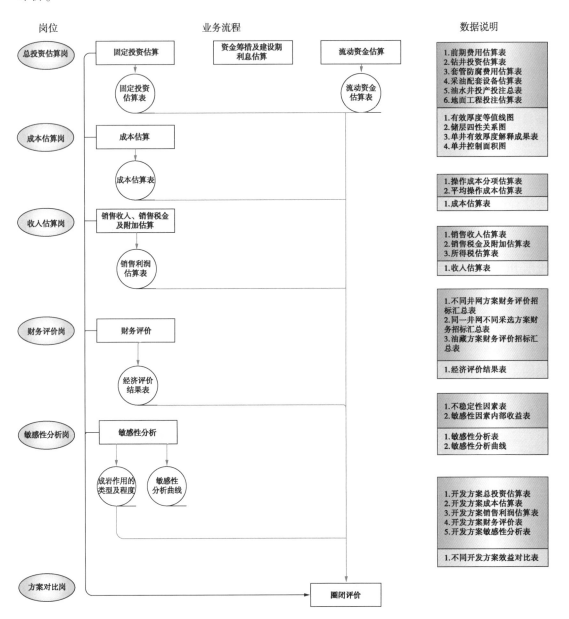

③ 单井注采能力评价。

④ 库容量评价，从井区动储量评价结果和库区范围确定。

⑤ 库区运行参数设计。

⑥ 各方案优选成果表。

⑦ 进行以总投资估算、成本与费用估算和方案优选及经济评价结果的总体经济评价。

图 4.7 独立业务流程——经济评价

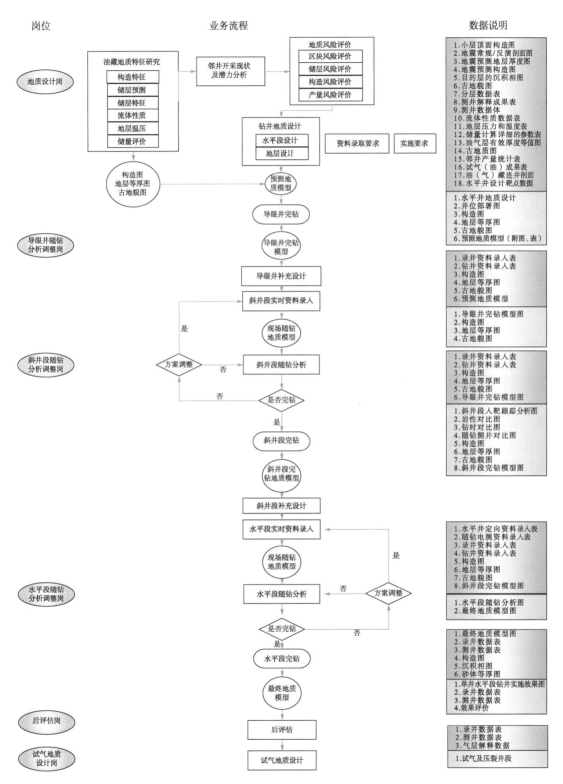

图 4.8　主题业务流程——水平井随钻分析

4.4　业务标准化实例

RDMS 按照业务驱动的原则设置系统中研究岗位，每个研究业务包含多个岗位，每个岗位完成研究业务中的一项具体任务。

以研究院石油勘探室为例，油气藏研究过程中的勘探业务基本岗位包括地层对比岗、构造分析岗、物源分析岗、沉积相分析岗、砂体展布分析岗、储层岩石学特征与成岩作用分析岗、储层孔隙结构及物性特征分析岗、烃源岩及石油地球化学研究分析岗、运移通道与动力分析岗、油藏构造特征研究岗、成藏期次研究岗、成藏组合及成藏模式研究岗、圈闭评价岗、生产动态跟踪岗共 14 个岗位，这些岗位分别对应不同的业务。通过细化业务流程与各实体岗位紧密结合，进而形成岗位与数据流的统一。

数字化油气藏勘探业务包含 14 个岗位，对其功能、操作规程、输入数据集、输出数据集、采用的研究方法、得到的研究成果等要素描述如下：

（1）地层对比岗。

地层对比是在区域上比较、寻找相似的或一致的岩石地层结构，延伸具有相似或一致的岩石地层结构的岩石地层单位。该岗位主要是对测井蓝图进行分层，并将分层数据表、地层厚度图等入库保存。其中，输入数据集包括分层数据表、坐标、补心海拔高程数据、测井体数据；输出数据集包括分层数据表、地层厚度图、地层剖面图。

分层数据表是根据测井蓝图进行人工识别划分地层及油层、气层、水层，并制作而成。通过对旧图的更新，参照新井坐标和分层数据表，可绘制新的地层等厚图。地层对比剖面图是结合补心海拔、坐标、分层数据表和测井体数据，采用石文软件绘制而成。补心海拔高程数据源于井基本信息。

（2）构造分析岗。

地质构造是指地壳中的岩层地壳运动的作用发生变形与变位而遗留下来的形态，地质构造可依其生成时间分为原生构造与次生构造。该岗位主要从事构造图更新工作，使用 GeoMap 软件绘制构造图集。其输入数据集包括井坐标、分层数据表、补心海拔、历史构造图。输出数据集是构造图。同时，构造岗还需要保存构造数据表（海拔高程）作为中间表。

（3）物源分析岗。

物源分析是指通过各种方法确定沉积物物源位置和性质及沉积物搬运路径，甚至整个盆地的沉积构造演化的过程。该岗位主要是对各类图件的更新，包括从测试分析试验库获取重矿物、轻矿物和古水流方向数据，对历史图件进行更新。此岗位对平台设计的要求是能够显示分析测试数据分布情况，具体到井和地层，能实现双向查询和打包下载。

物源分析岗的输入数据集包括重矿物鉴定数据表、砂岩薄片鉴定、物源分区图、古流向玫瑰花图、粒度分布统计表、轻矿物组合分区图、稀土元素配分表、重矿物组合分区图、物源区岩屑含量统计表、古流向数据表、区域岩相古地理图。其输出数据集包括古流向玫瑰花图、轻矿物组合分区图、重矿物组合分区图、物源区岩屑含量统计表、稀土元素配分图、区域岩相古地理图、物源分区图等。

（4）沉积相分析岗。

沉积相是沉积物的生成环境、生成条件和其特征的总和，成分相同的岩石组成同一种相，在同一地理区的则组成同一组。沉积相主要分为陆相、海陆过渡相和海相，主要取决于这些岩石的生成环境。鉴定这些岩石不仅依靠其古代生成的环境，岩石的组成结构，还可以依据其中包含的生物、微生物的化石，陆相一般包括沙漠相、冰川相、河流相、湖泊相、沼泽相、洞穴相等。该岗位主要是绘制沉积相图、分析沉积模式。该岗位对平台设计的要求是能够显示分析测试及岩心观察数据分布情况，具体到井和地层，能实现双向查询和打包下载。

① 单井相：结合分层数据、测井体数据、岩心照片、粒度概率曲线（jpg 格式）、测井解释成果表，利用石文软件，绘制单井相剖面图。输入数据集包括分层数据表、测井体数据、岩心照片、砂岩薄片鉴定（包括数据表）、粒度分析数据表、测井解释成果表。输出数据集是单井相剖面图。

参照薄片鉴定数据表，得到粒度分析数据表，再利用 excel 程序，生成粒度概率曲线，故需保存粒度分析数据表；此处需将 excel 程序封装成小工具集成到平台中。

此处推送的数据集有：分层数据、测井体数据；岩心照片和粒度概率曲线都为图片格式加载，可以推送，亦可直接从本地加载。

② 剖面相：研究方式与单井相类似，在单井相的基础上，参照补心海拔和井坐标，利用石文软件，绘制沉积相剖面图。输入数据集增加补心海拔、坐标。输出数据集是沉积相剖面图。

③ C—M 图（浊流、牵引流）：以粒度分析数据为基础，计算并转换 C 值和 M 值单位，通过工具绘制 C—M 图；此处需将 C 值和 M 值的计算转换方法及绘制工具集成到平台中。

④ 砂地比等值线图：首先生成砂地比数据表，砂地比＝砂体厚度/地层厚度，砂体厚度由分层数据表和测井解释成果表得到，地层厚度由分层数据表得到，需实现自动计算。其输入数据集是砂地比数据表、砂地比等值线图。输出数据集是新的砂地比等值线图。

在砂地比数据表和历史砂地比等值线图的基础上，绘制新的砂地比等值线图。此处需保存砂地比数据表。

⑤ 平面相图：在旧平面相图的基础上，综合单井相和剖面相绘制平面相图。其输入数据集是增加平面相模式图。输出数据集是平面相图。

（5）砂体展布分析岗。

该岗位主要是利用 GeoMap 软件绘制平面图、利用石文软件绘制砂体对比图。

① 砂体厚度等值线：首先由测井解释成果和分层数据通过计算得到砂体厚度表，计算过程需自动化。再通过砂体厚度表在 GeoMap 软件中绘制砂厚等值线图。

② 砂体对比图：参照分层数据、井坐标、补心海拔、测井体数据、测井解释成果表，利用石文软件，绘制砂体对比图。结构化数据都要实现自动推送。

该岗位的输入数据集包括分层数据表、井坐标、补心海拔、测井体数据、测井解释成果表。输出数据集是砂体厚度等值线图、砂体对比图。

（6）储层岩石学特征与成岩作用分析岗。

该岗位主要是对岩石骨架颗粒和填隙物的研究，应用扫描电镜、X 光衍射、阴极发光、砂岩薄片鉴定等测试分析方法，从整体上对研究区砂岩的岩石学特征、成岩作用类型及阶段划分、成岩序列以及成岩相进行系统研究。此岗位对平台设计的要求是能够显示分析测试数据分布情况，具体到井和地层，能实现双向查询和打包下载。

① 根据砂岩薄片鉴定照片及鉴定表筛选分析得到砂岩碎屑组分统计表、填隙物成分统计表、岩石分类三角图，此处需要将绘制岩石分类三角图的工具集成到平台。

② 成岩阶段划分表：在岩矿特征数据表的基础上，综合分析研究，得到此表。

③ 成岩相平面分布图：需要使用砂岩薄片鉴定照片、阴极发光照片、扫描电镜照片，通过综合研究，结合研究人员的经验用 GeoMap 软件绘制该图件。

该岗位的输入数据集包括砂岩薄片照片、砂岩薄片鉴定表、阴极发光照片、阴极发光报告、扫描电镜照片、扫描电镜报告、镜煤反射率测试表、X 衍射测试表（以上数据来源与分析试验数据库，物性数据表），砂岩碎屑组分统计表、岩石类型分类三角图、填隙物成分统计表、填隙物平面分布图、成岩阶段划分表、成岩相平面分布图。输出数据集包括砂岩碎屑组分统计表、岩石类型分类三角图、填隙物成分统计表、填隙物含量分布直方图、填隙物平面分布图、成岩阶段划分表、成岩相平面分布图。

（7）储层孔隙结构及物性特征。

岩石孔隙结构特征是影响储层流体的储集能力和开采油气资源的主要因素。该岗位主要开展对储层孔隙结构及物性的研究，通过压汞实验提供的一系列孔隙结构参数以及各种分析化验资料，研究储层物性特征，并从不同方面反映孔隙结构的有效性，作为储层研究的基础。此岗位对平台设计的要求是能够显示分析测试数据分布情况，具体到井和地层，能实现双向查询和打包下载。

该岗位的输入数据集包括砂岩薄片鉴定表、图像孔隙分析、压汞分析参数表、压汞曲线特征图、物性数据表、孔隙组合类型表、孔隙等值线图、渗透率等值线图、孔渗交会图、分层数据表。输出数据集包括孔隙组合类型表、孔隙度等值线图、渗透率等值线图、孔渗交会图、孔隙度分布直方图、渗透率分布直方图。

（8）烃源岩及石油地球化学研究分析岗。

该岗位主要是在地球化学、有机岩石学的基础上，研究烃源岩的生烃过程、产烃潜力以及油气特点，为预测有利储集空间提供基础。此岗位对平台设计的要求是能够显示分析测试数据分布情况，具体到井和地层，能实现双向查询和打包下载。

该岗位输入数据集包括测井体数据、烃源岩地化参数测试结果表、烃源岩 TOC 等值线图、烃源岩厚度等值线图、R_o 等值线图、液态烃产率曲线、生烃强度等值线图、全烃色谱图、甾萜色质分析谱图、分层数据表。输出数据集包括主力烃源岩地化参数表、烃源岩 TOC 等值线图、烃源岩厚度等值线图、R_o 等值线图、生烃强度等值线图、全烃色谱图、油、源甾萜类生物标志化合物特征图，油、源萜烷参数分类图，油、源单体烃碳同位素对比图。

（9）运移通道与动力分析。

该岗位主要通过油气在地下岩石中运移通道空间类型的分析，指出油气运移通道的主要类型，分析油气运移过程中的受力状况之后，对油气初次运移、二次运移的相态、动力、通道、方向等要素进行分析。

① 古地貌图：在旧图的基础上，利用地层厚度等值线图、砂岩厚度等值线图，结合分层数据，用 GeoMap 软件绘制古地貌图。

② 流体势成果表：在旧图的基础上，利用构造图和泥岩过剩压力统计表作流体势成果表。

③ 流体势等值线图：利用构造图和过剩压力等值线图绘制流体势等值线图。

④ 泥岩压实曲线：参考分层数据，利用测井体数据绘制泥岩压实曲线。

此处推送的数据集有：分层数据、测井体数据。裂缝照片、岩心照片要求按·口井一个文件归档，能打包下载。

该岗位的输入数据集包括分层数据表、测井体数据、测井解释成果表、构造图、过剩压力曲线、泥岩过剩压力统计表、古地貌图、地层厚度等值线图、砂岩厚度等值线图、流体势等值线图、含氮化合物平面分布图、裂缝照片、岩心照片、露头照片、成像测井图。输出数据集包括古地貌图、过剩压力曲线、泥岩压实曲线、泥岩过剩压力统计表、过剩压力等值线图、过剩压力剖面、流体势成果表、流体势等值线图、含氮化合物平面分布图等。

（10）油藏构造特征研究岗。

油藏特征包括油藏构造和油藏断层。油藏构造指油藏储层含油部分的总体形态和内部结构，以及油藏顶部和四周的封盖遮挡条件。油藏断层是指断层沿储层上倾方向遮挡封闭而形成的圈闭中油气聚集。该岗位主要利用测井资料、油气水分析测试资料开展油藏解剖工作。

该岗位输入数据集包括分层数据表、测井解释成果表、地层水分析数据表、地层水分析统计表、溶解气色谱分析数据表、溶解气色谱分析统计表、地温与深度回归关系图和压力与深度回归关系图、油藏原油性质数据表、油藏原油性质统计表、物性数据。

该岗位生成的油藏剖面图由分层数据、补心海拔、测井体数据、测井解释成果表、物性数据、试油成果表产生。其中需要将分层数据、补心海拔、测井体数据和测井解释成果表推送到石文软件中。

（11）成藏期次分析研究岗。

成藏期是一个时间段，一个油气藏由多次充注形成。该岗位主要利用烃类包裹体等反映成藏期次的资料以及埋藏史图分析石油充注成藏期次，主要输入图件来自其他岗位的输出成果。

输入数据集包括均一温度数据表、烃类包裹体照片、泥岩压实曲线、地层对比剖面图、地层剥蚀厚度等值线图、分层数据、地质年代表。输出数据集包括包裹体均一温度频率直方图、地层剥蚀厚度等值线图、埋藏史图、成藏期次分析图等，它们均为导出数据后手工绘制。

（12）成藏组合及成藏模式研究岗。

为了描述油气藏形成过程中生、储、盖、圈、运、聚、保等基础要素在时空关系上的相互匹配关系，研究人员进行了油气成藏模式的分析研究，以期更直观、概括地反映研究区的油气成藏机制和油气成藏过程。该岗位的综合性较强，主要输入图件来自其他岗位的输出成果，在此基础上进行研究分析得到成藏组合及模式图，指导勘探方向。

输入数据集包括生烃强度等值线图、成藏组合图、分层数据、测井解释成果数据表、石油运聚成藏模式图。输出数据集包括沉积相平面分布图、烃源岩厚度等值线图、砂体等厚图。

（13）圈闭评价岗。

圈闭评价是指利用地震、钻井资料结合区域地质，对圈闭的落实程度、类型、面积、幅度、目的层深度以及生储盖、油气显示、含油可能性等条件进行系列评价，综合确定圈闭等级，以资对比择优提供预探的工作。该岗位主要利用上述各岗位的输出成果，综合分析并描述圈闭空间展布特征，并预测圈闭资源量。

输入数据集包括孔隙度等值线图、邻区储量计算参数表、成岩相平面分布图、分层数据、圈闭位置图。输出数据集包括圈闭综合评价图、砂体等厚图、沉积相平面分布图、渗透率等值线图、圈闭潜在资源量情况表。

（14）生产动态跟踪岗。

该岗位主要利用项目组实时数据整理动态表格，其输入资料全部来自各项目组生产报表，输出格式化的动态表格。

输入数据集包括压裂施工曲线、钻井生产日报表、钻前周报、试油周报、录井显示汇总表、岩屑描述记录报告、地化录井完井报告、地化录井解释表、地化录井图、核磁共振分析化验报告、核磁共振录井成果报告、试油日报表等。输出数据集包括井位部署表、动用钻机分布图、井位接替运行表、钻井运行情况表、正钻井情况表、钻井运行情况表（分省县）、钻井运行情况表（分厂区）、钻井生产日报表、试油生产日报表、试油情况简表、工业油流井统计表等。

通过以上14个生产岗位环节的流程化作业，把之前取得的资料和数据经过分析处理后得到的成果输入RDMS统一数据库，成为下一步工作的基础。期间，经过统一的资源配置和数据流的准确输入，保障了油气勘探业务的流程化实施，为实现数据流与业务流的统一创造环境和条件。

第5章　油气藏空间智能分析

油气藏的研究离不开地质图件，研究人员通过绘制地质图件，反映油气藏岩性、物性、流体性质的空间变化。自从有了地质图件，科研人员就自觉或者不自觉地进行着各种类型的空间分析。比如，在地质图件上测量储量的面积、单井之间的距离等。随着计算机技术引入，以数字形式存在于计算机中的地质图件，向人们展示了更为广阔的应用领域。利用计算机分析地图、获取信息、支持空间决策，成为地质图件深化应用的重要研究内容。

科研人员常用 GeoMap 绘图工具，注重地质图件渲染的美观程度与出版的专业性。由于在数据结构和存储方式上与 MapInfo 之类的通用 GIS 产品存在巨大差异，使得 GeoMap 图件在油气藏空间智能分析方面，难以满足科研人员日益增长的需要。现阶段，围绕油田的勘探、开发主题业务，为科研、决策人员提供一体化的研究与决策环境，需要解决以下几个关键性问题：

（1）油藏基本要素快速定位。即解决在哪里的问题，如某个油藏在哪里，某口油井在哪里，某条地震测线在哪里等。

（2）油藏关联数据快速查阅。即解决有什么的问题，如意向井 10km 内有哪些邻井，有哪些地震测线，四性关系如何，同层系的手标本特征、薄片鉴定结果如何等。

（3）油藏快速智能分析。即解决怎么样的问题，如油藏连通性如何，岩性、物性空间展布趋势怎么样，砂体的空间延展性如何，意向井现场地貌情况如何等。

本章以油田地质图件为基础，从长庆油田地质科研工作需求出发，论述油田地质图件深化应用的现状与存在问题，探索模块化、松耦合式空间智能分析系统构建方案，并着重阐述地质图元导航、空间智能分析、油藏剖面自动绘制、相控等值线等技术原理与实现方法。

5.1　地理信息系统与油田生产

在油气田的勘探开发过程中，由于油气井分布广泛、复杂地理地形等特性，需要大量相关的地理信息进行辅助。随着勘探开发所要求的相关信息内容、种类越来越多，以及对于地理信息处理方式要求的提高，传统信息管理方法的弊端和缺陷越来越多，如何高效应用地理信息系统支持油气田的勘探开发生产过程已经成为建设数字化油气藏系统的主要研究课题之一。

地理信息系统(Geographic Information System 或 Geo-Information System，GIS)有时又称"地学信息系统"。它是一种特定的十分重要的空间信息系统。它是在计算机硬件和软件系统支持下，对整个或部分地球表层(包括大气层)空间中的有关地理分布数据进行采集、储存、管理、运算、分析、显示和描述的技术系统。

GIS 技术已经广泛地应用在不同的领域，是用于输入、存储、查询、分析和显示地理数据的计算机系统，可以对空间信息进行分析和处理(简而言之，是对地球上存在的现象和发生的事件进行成图和分析)，把地图这种独特的视觉化效果和地理分析功能与一般的数据库操作(例如查询和统计分析等)集成在一起。GIS 相关联的因素包括以下 5 个方面：

(1) 人员，是 GIS 中最重要的组成部分。开发人员必须定义 GIS 中被执行的各种任务，开发处理程序。熟练的操作人员通常可以克服 GIS 软件功能的不足。

(2) 数据，精确的、可用的数据可以影响到查询和分析的结果。

(3) 硬件，硬件的性能影响到软件对数据的处理速度，使用是否方便及可能的输出方式。

(4) 软件，不仅包含 GIS 软件，还包括各种数据库，绘图、统计、影像处理及其他程序。

(5) 过程，GIS 要求明确定义的、一致的方法来生成正确的可验证的结果。

GIS 属于信息系统的一类，不同在于它能运作和处理地理参照数据。地理参照数据描述地球表面(包括大气层和较浅的地表下空间)空间要素的位置和属性，在 GIS 中的两种地理数据成分：空间数据，与空间要素几何特性有关；属性数据，提供空间要素的信息。

地理信息系统(GIS)技术能够应用于科学调查、资源管理、财产管理、发展规划、绘图和路线规划。例如，一个地理信息系统(GIS)能使应急计划者在自然灾害的情况下较易地计算出应急反应时间，或利用 GIS 系统来发现那些需要保护不受污染的湿地。地理信息系统的组成如图 5.1 所示。

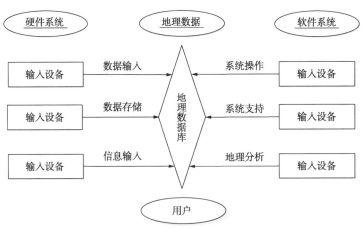

图 5.1　地理信息系统的组成

目前国内外已有许多成熟的商业化 GIS 软件工具，这些产品可以将复杂的地理学模型用计算机实现，形成了操作效率高、功能强大、易于扩充的平台产品。利用 GIS 软件可以提高建立应用系统的速度、降低风险、提高应用系统的质量，使用户可以更专注于研究其专业问题。在国际市场上，占据市场主导地位的国外 GIS 软件有 ArcGis，GeoMedia，Map-Info，SmallWorld，MGE 和 MICROSTATION 等，国内的 GIS 软件有 MAPGIS，SuperMap 和 GeoStar 等。

GIS 在石油勘探开发过程中，主要通过对数据输入、数据处理与分析解释以及成果输出三个方面对油田信息数据进行处理与利用。

（1）数据输入。

油田勘探开发工程中，仅钻探和开采工作环节，对于工作对象中有关烃源岩、储层、盖层及其配套关系等方面的信息与参数数据就非常之多，且由于每个方面都有各自的特征，这些数据信息的表达形式、记录格式和数据标准均存在较大差异。为了方便记录与管理，可将这些信息经过 GIS 记录前预处理，然后就可以有效快捷地输入 GIS 数据库中。但因 GIS 预处理后精度会发生偏差，在进行原始数据录入时，必须要保证数据精度的高度准确，以免在中后期的数据处理阶段出现较大的偏差而影响工程的实施。

（2）数据处理与分析解释。

数据的分析与整合是保证勘探开发工程实施的关键，在对数据预处理并记录后，GIS 能通过其重叠功能对源岩、储层、盖层及配套关系等方面的相关数据进行分析整理，使其形成一个清晰且具有地质特性的整体，简单有效地表述开采区的总体状况。同时，GIS 对于局部参数信息的分析，能够筛选出有价值的开采区。并且 GIS 对于分析模型的兼容性非常强，使用时可以通过不断修改来对分析过程进行更好的完善。

（3）成果输出。

GIS 对信息的多种整理模式能够适应不同的结果处理要求，GIS 成果输出环节包含了图像、制表与文字报告功能。对于成果输出的不同表达形式，GIS 既可以通过操作屏幕直接表达，也能将信息处理为硬拷贝进行输出。

5.2 油气藏空间分析现状

地质图是将沉积岩层、火成岩体、地质构造等的形成时代和相关的各种地质体、地质现象，用一定图例表示在某种比例尺地图上的一种图件。是表示地壳表层岩相、岩性、地层年代、地质构造、岩浆活动、矿产分布等的地图的总称。除平面图外，常同时编制柱状图和剖面图，以表示地层层序、岩性的水平或垂向变化和彼此接触关系等。

地质图可被用于研究和分析许多地质特征（如地层层序和厚度、地质构造及地质历史），预测地下矿藏的位置和储量及其开采条件。广义的地质图包括基岩地质图、岩性—岩相分布图、构造地质图、地质矿产图、第四纪地质图、古地理图、水文地质图、工程地质图和环境地质图等。

根据研究程度分为：概略的、区域的、详细的和专门的地质图；根据比例尺划分为小（1/50 万及其以小）、中（1/25 万~1/20 万）、大比例尺（1/5 万及其以大）地质图。

地质图是地图中的一个重要分支，其研究的核心内容是提高地图这种空间认知工具的信息传输能力。计算机技术引入后，地图的制作技术与表现形式发生了重大变化。当计算机不仅作为制图设备，同时成为地图载体的时候，电子地图登上历史舞台，成为一时的热点。

5.2.1 地质制图软件

GeoMap 是中国石油天然气股份有限公司要求的平面地质图件制图工具。由北京侏罗纪软件股份有限公司研发，针对石油勘探开发行业数字化制图作业需求，具有完备的专业图形模板、丰富的数据成图功能、强大的图形编辑手段，可为快速、高质量制作符合石油行业标准的地质图件提供有效工具。适用于制作各种地质平面图（如构造图、等值线图、沉积相图、地质图等）、剖面图（如地质剖面图、测井曲线图地震剖面图、岩性柱状图、连井剖面图等）、统计图、三角图、地理图、工程平面图（公路分布图、管道布线图等）多种图形。目前，GeoMap 地质制图系统已广泛应用于石油勘探与开发、地质、煤炭、林业、农业等领域，也是目前国内在石油地质上应用较广的 CAD 软件之一。它与 CorelDraw 和 AutoCAD 等绘图软件类似，主要用于地质图件的清绘与打印，注重地质图件渲染的美观程度与出版的专业性。

目前，在数字化藏研究过程中，"高效数据导航是地理信息领域中常用技术方法之一"，但是以国内油气藏科研生产中常用的地质图件作为底图，实现导航及相关应用是近几年国内公认的技术难题，尤其是对 GeoMap 而言，这一点更为突出。

GeoMap 软件在数据结构和存储方式上与 MapInfo 之类的通用 GIS 产品存在巨大差异，使得 GeoMap 地质图件的动态组图、在线发布和空间分析难度大。

数据结构方面，MapInfo 数据结构简单，GeoMap 较之复杂。相关对比文件中指出"MapInfo 采取的空间数据结构基于空间实体和空间索引，空间实体是地理图形的抽象模型，包括点、线、面三种类型，空间索引是查询空间实体的一种机制"。在 MapInfo 等通用 GIS 软件中，空间数据结构只涵盖空间实体数据和空间索引，不包括地图图元的样式。将数据实体抽象为点、线、面三种样式，实现了空间数据与地图样式相分离，奠定了按图层存储数据、图元统一管理的技术基础。而 GeoMap 的目标是专业化制图，采用了空间实体与地图样式混合的数据结构，空间实体较通用 GIS 产品多，包括离散点图元、井位图元、等值线图元、断层线图元、地震测线图元等 20 个数据类型；同时图件中每一个图元都有其独特的样式，空间数据与图元样式绑定，数据结构复杂。

数据存储方面，MapInfo 数据存储更为通用，易于在线发布；GeoMap 地质图以单文件存储，动态组装、在线发布困难。MapInfo 可将图元样式、空间数据、属性表、索引表、图元符号等数据按图层分别存储于 Oracle 和 SQLServer 等主流数据库中，便于空间数据的动态组装、在线发布与应用；GeoMap 将空间数据、对应属性、图元样式集成存储于一个文件（.GDB）中，不支持分图层数据库管理模式，给基于 Web 的空间数据分层展示和动态组装带来很大困难。

数据组织与存储方式上的差异，导致油气藏研究常用地质图件在线动态组图与通用 GIS 的地理图件在线动态组图在技术实现方式上有本质区别。

5.2.2 多尺度地质图件的表达

尽管 GeoMap 电子地图在诸多方面优于纸质地图，但图形的最小像元却无法与纸质地图相媲美，同时显示器的尺寸也很受限制。因此，电子地图无法承载与纸质地图同等数盈的图形要素，否则将使得用户的视觉负载过大而无法获取信息。

事实上，电子地图大大扩充了地图的表现领域，它以丰富的色彩增加了地图的层次，同时不再受到图幅的限制、比例尺的限制，甚至可以在不同的比例尺间切换，这样的扩充为地图用户带来极大的便利，而对于地图的制作者则增加了难度。因为他们要在用户的阅读习惯和可能的地图的表现手法之间找到一种平衡，用预先大量的计算换取用户视觉上最大的收获。这样就提出了电子地图多尺度表达的概念，也就是用户表达大小不同的区域范围时，地图具有不同的详细程度：表达的区域范围越小，地图中表现的地物细节越多；表达的区域范围越大，地图中表现的地物细节越少。通过这样的处理，使得用户眼中的地图始终是清晰的。

此外，当电子地图的表达范围越来越大时，电子地图的清晰程度、图面的载负量、显示的速度都成为用户关心的焦点。有实验证明，人在计算机面前的忍耐程度是很有限的，超过 3s，就会给用户带来心理上的焦灼和对结果的不信任。我们不能期待用户来迁就技术，只能尽可能提高电子地图的效果和效率。

电子地图的多尺度表达可以从两个角度进行研究：一是从建立数据库的角度；二是从对已有数据进行处理的角度。王家耀院士指出，为满足空间数据多尺度显示的实时性要求，采用不同比例尺数字地图数据嵌套显示和一种比例尺数据分层显示是较为可行的方法，而真正意义上的自动综合则由于其难度过大、计算时间长而难以实现。

对用户来说，经过处理的地图，怎样的是较好的，怎样的是较差的，这是一个难以描述的问题，因为其中包含了太多主观因素。然而对这一问题的回答也是指导地图制作的关键所在。科研人员对于纸质地图的研究已经进行了许多年，并取得了丰硕的成果，而对于尚在探索之中的电子地图能否借鉴这些成果使之更完美确实值得探讨。从 GeoMap 地质图件实际出发，通过对已有不同比例尺地质图件的数据嵌套显示，从而实现多尺度油藏地质图件的显示。

5.2.3　空间智能分析能力

空间分析是 GIS 的核心和灵魂，是 GIS 区别于一般的信息系统、CAD 或者电子地图系统的主要标志之一。空间分析，配合空间数据的属性信息，能提供强大、丰富的空间数据查询功能。空间分析是为了解决地理空间问题而进行的数据分析与数据挖掘，是从 GIS 目标之间的空间关系中获取派生的信息和新的知识，是从一个或多个空间数据图层中获取信息的过程。空间分析通过地理计算和空间表达挖掘潜在的空间信息，其本质包括探测空间数据中的模式；研究数据间的关系并建立空间数据模型；使得空间数据更为直观表达出其潜在含义；改进地理空间事件的预测和控制能力。

随着 GeoMap 地质图件编制、清绘技术的成熟，研究人员在数据钻取、专题统计、信息智能判读等方面应用需求日益增强，通常涉及的空间分析内容有：

（1）空间位置。借助于空间坐标系传递空间对象的定位信息，如自动获取部署井行政区划、高程、管护区等基础信息。

（2）空间关系。空间对象的相关关系，包括拓扑、方位、相似、相关等，如意井向周围 2km 范围内，勘探、评价井有哪些。

（3）空间距离。空间物体的接近程度，如踏勘井位与意向井位的平移距离是多少。

（4）空间分布。同类空间对象的群体定位信息，包括分布、趋势、对比等内容，如研究区长 8 储层的砂体空间展布、岩性及孔隙度空间分布规律等。

（5）空间统计。对空间对象的属性进行数理统计分析，如研究区长 6 层系岩性情况、物性情况等。

5.3 地质信息系统

地质信息系统（ChangQing Geological Information System，CQGIS）依据长庆油田的实际，基于 GeoMap 地质图件，整合了长庆油田钻井、录井、试油等 18 个专业数据库以及试油动态、钻后分析等成果数据，实现单井、地震测线、储量单元等专业数据导航。同时集成 ArcGIS、石文、Forward 等多款专业软件与空间数据分析服务，实现邻井分析、意向井信息智能提取、多图联动布井等功能。技术框架分为数据库层、服务层、展现层、应用层和决策层共 5 个层级，如图 5.2 所示。

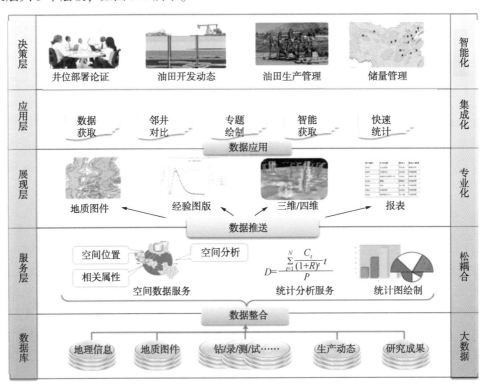

图 5.2　空间数据应用技术架构

（1）数据库层：通过数据整合服务，整合钻井、录井、测井、试油（气）、生产动态、研究成果等 10 多个专业数据库，为空间数据导航、空间分析提供统一的数据源头。

（2）服务层：后台的数据运算服务，提供空间数据服务（空间位置、空间分析、属性关联等）、数据统计分析服务、统计图绘制服务等。服务层是整个系统的核心，采用松耦合的技术架构，使数据服务层与数据展现层相分离，统一数据运算服务，有效支撑不同形式的展现需求。

（3）展现层：应用功能的载体，如地质图件、经验图版、三维高清影像、各类统计报表等。展现层是应用层的依托，为用户提供应用功能的入口。

（4）应用层：指应用功能的实现，如数据关联、数据钻取、邻井对比、专题图绘制、智能信息提取、快速统计分析等。它是后台数据服务的业务封装，即通过多个基于数据运算服务，实现某一个特定的业务需求。如邻井分析由缓冲分析、空间交集运算等多个后台服务组成。

（5）决策层：是功能的业务组装，体现了系统的业务逻辑性。如勘探生产管理系统、油田产能建设系统、油田生产管理系统等。

通过5层式系统架构，建立数据获取、数据组织与数据应用的通道，同时通过搭建空间数据分析服务层，将空间智能分析与前台数据应用相分离，无论何时、何地都可以进行空间分析，达到不受图面显示限制无障碍应用的效果。

在系统研发过程中，无论前期做了多少用户调研，需求分析做得多么完美，始终也只是解决了一部分用户的需求，所以当程序发布以后，系统仍需不断地升级完善，重新发布。随着系统规模越来越大，功能点达数百个，系统复杂度、耦合度越来越高，系统的稳定性、运行效率挑战越来越大，致使开发进度一度难以控制，软件维护困难。为了降低系统的耦合度、提高系统的稳定性，为系统功能扩展提供无限空间，在程序重构过程中，采用面向服务式插件结构，它是由一个可执行程序和许多完成子功能的插件组成的，系统结构主要分为4个部分：

（1）订立契约：契约是主程序和子功能插件之间进行交互的依据和凭证。定义主程序声明可被插件使用功能，以及插件被主程序使用必须符合的条件。同时，定义插件所用的主程序功能列表，以便插件功能融入主程序体系中。

（2）服务容器：提供设计时对象访问某项功能的方法实现，负责服务的装载与卸载，本质就是解耦合，就是将类型的设计功能从类型本身剥离出来。利用服务容器，不但可以获得主程序提供所有功能，而且可以通过插件向主程序添加服务，而添加服务又可以服务于服务，从而提升主程序框架灵活度。

（3）主程序：可独立运行的可执行程序。实现地质信息系统基本功能，负责C/S与B/S窗体通信、图件列表获取与优化、地质图件控件加载、坐标系统转换、二维视域与三维视角变换等。

（4）功能装载：功能插件是地质信息系统业务功能的实现。服务装载之后，采用反射（Reflection）机制，将符合条件的功能插件从服务中反射出来，并加载到主程序中。

5.3.1 地质图元导航技术

地质图元导航技术是指通过地质要素的快速查询定位，研究人员快速获取地震、钻、录、测、试及分析试验等各类资料及研究成果。

地质图元导航技术首先要解决地质要素快速定位问题，即解决在哪里的问题，如某个油藏在哪里、某口油井在哪里、某条地震测线在哪里等。由于GeoMap地质图件以文件方式存储，单个文件中承载的图元信息非常有限，地质图件制图过程中，为了图件美观，只将重点井位标注在图件上，导致地质图件在使用过程中，科研人员常常找不到关注的井位。

地质要素定位之后，给出了地质要素空间展布信息，建立起地质体的空间展布特征。在此基础上，科研人员还希望快速获取地质体的岩性、物性、地球化学等多学科信息以及前人的研究成果等资料。以数据库中井位、地震信息为基础，通过不同投影坐标自动变换、地质图元高亮技术，实现单井、地震测线、露头等地质要素快速定位。然后以单井名称、地震测线号为索引项，采用物化视图、增量同步等技术，实现相关数据、成果的快速导航。最后通过统一的结构化数据及成果文档浏览器（FileViewer），实现任意格式的数据、成果在线浏览，如图5.3所示。

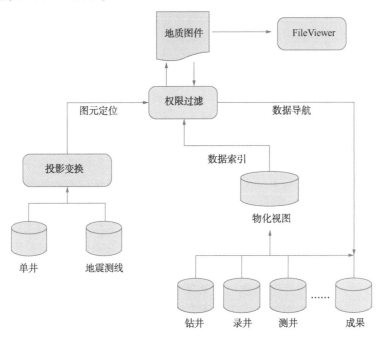

图5.3　油藏基本要素快速导航流程图

地质图件导航技术由统一坐标系统、海量影像数据高效组织、文档统一查看服务等核心技术组成。

（1）统一坐标系统。

地图投影就是将椭球面各元素（包括坐标、方向和长度）按一定的数学法则投影到平面上。高斯－克吕格投影是一种等角横轴切椭圆柱投影。它是假设一个椭圆柱面与地球椭球体面横切于某一条经线上，按照等角条件将中央经线东、西各3°或1.5°经线范围内的经纬线投影到椭圆柱面上，然后将椭圆柱面展开成平面而成的。该投影是于19世纪20年代由德国数学家、天文学家、物理学家高斯最先设计，后经德国大地测量学家克吕格补充完善，故名高斯－克吕格投影，简称高斯投影。我国各种大、中比例尺地形图采用了不同的高斯－克吕格投影带。其中大于1∶1万的地形图采用3°带；1∶2.5万至1∶50万的地形图采用6°带。

长庆油田所在的鄂尔多斯盆地，北起阴山、大青山，南抵秦岭，西至贺兰山、六盘山，东达吕梁山、太行山，总面积 $37 \times 10^4 \text{km}^2$。在高斯投影 6°带中，鄂尔多斯盆地位于 18 带和 19 带，而 3°中则位于 36 带与 37 带中，如图 5.4 所示。

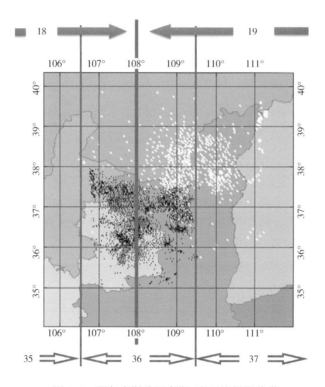

图 5.4 鄂尔多斯盆地高斯–克吕格投影分带

为了统一管理，在数据库建设过程中，常用不区别坐标带存储数据。在井基本信息表中，将不同投影的井位存储在同一张数据表中。而一般而言，空间分析是基于同一坐标系统的，因此在空间分析之前，需对空间数据进行统一的处理，将单井、地震测线、油藏剖面等的空间坐标转换为同一坐标系中。

（2）海量影像数据高效组织。

科研人员在部署井位过程中，需要结合地形地貌、高清影像数据论证井位部署的合理性，其核心在于对遥感影像、DEM 等各种地理信息进行有效的组织管理与发布。因而研究如何处理遥感影像和发布遥感影像信息成为一个重要而又十分迫切的问题。1976 年 Clark 提出了细节层次（Levels of Detail，LOD）技术，有效提高了模型绘制的效率。1996 年，Lindstrom 等提出一种基于规则网格视点相关的连续 LOD 实时高度场绘制算法。长庆油田在研究过程中，根据四叉树算法探讨以三维地理信息系统（3DGIS）为平台的海量遥感影像数据的 LOD 组织过程，研究了依据四叉树算法的全球大区数据至油田小区块数据的投影、编码及动态多分辨率影像浏览等主要问题。

地表影像数据组织采用四叉树结构表示，先对地表影像数据进行不同精度的等间隔重采样，采样结果构成四叉树的一层节点；对于树中任意相邻层，上一层的采样精度都是下一层的一半；且对于树中任意非终端节点，都有 4 个子节点，它们分别以 q，r，t 和 s 字符作为其编码，子节点的采样区域恰好将父节点的采样区域 4 等分。地表影像四叉树的生成过程如图 5.5 所示。

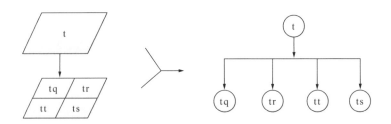

图 5.5　四叉树影像编码原理

例如，最顶层的一幅 256×256 表示全球特征的影像被冠以 t 作为其编码，其后追加一个编码 s，用于代表右下角四分的地图，它几乎揽括了整个澳洲大陆。编码中每增加一个特定的字符，就细化至一个新的四分地图，直到研究所需的最大详细程度。

图 5.6 显示了使用四叉树结构表示的 LOD 模型，其中 L0 最顶层为世界地图，L1 为所有节点的整个地表的一种多分辨率表示。

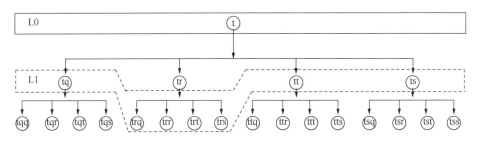

图 5.6　四叉树结构表示 LOD 模型

基于 B/S 模式(服务器/浏览器模式)的海量影像数据处理及传输流程如图 5.7 所示，分为服务端预处理和客户端浏览两大部分。服务端预处理包括数据预处理、投影变换、重采样生成较低分辨率的影像和四叉树编码、影像切割、按编码保存切片文件等。其中数据预处理包括清除条纹和噪声影像、波段配准、几何校正、辐射校正、假彩色合成。客户端包括确定视点位置、获取屏幕多分辨率编码、生成地表影像等操作。就投影变换与逆变换、影像编码与影像坐标范围计算、基于视点位置的客户端三维浏览等关键性内容进行简要描述。

① 投影变换与逆变换。通常 3DGIS 软件系统都有其自身的坐标系统，加载影像数据之前必须对影像数据进行投影变换，使其与软件系统的坐标系统相一致。因此，只有实现了投影坐标到球面坐标变换与逆变换，才能实现正确的影像数据编码与加载浏览。投影变换指将球面坐标投影成平面直角坐标。目前，3DGIS 软件使用的是墨卡托(Mercator)投影坐标系统，如 Google Earth，也有使用 PlateCarree 投影的(2005 年 7 月 22 日以前 Google Earth 使用过)。

墨卡托投影由荷兰地理学家 Gerardus Mercator 于 1569 年提出，为圆柱地图投影系统。设某点的墨卡托投影的地图上的坐标(x, y)，其对应的纬度值为 $\Phi(-85.05113 \leqslant \Phi \leqslant$

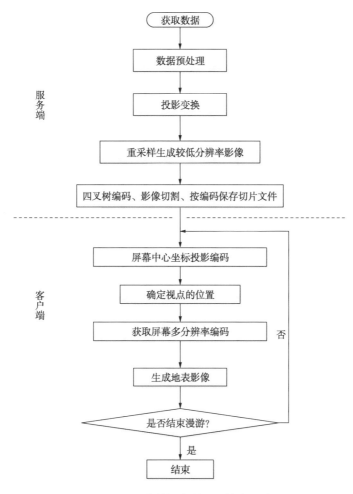

图 5.7　影像数据高效组织技术思路

85.05113），经度值为 λ（$-180 \leqslant \lambda \leqslant 180$），$\lambda_0$ 为地图中间经度坐标值，投影变换计算公式为：

$$x = \lambda - \lambda_0$$

$$y = \frac{1}{2}\ln\left(\frac{1+\sin\Phi}{1-\sin\Phi}\right)$$

其逆向变换公式为：

$$\Phi = \arcsin\left(\frac{e^{2y}-1}{e^{2y}+1}\right)$$

$$\lambda = x + \lambda_0$$

式中，Φ 单位为弧度。

② 影像编码与影像坐标范围计算。根据坐标计算影像编码，计算过程是在坐标投影变换的基础上，对 x 和 y 坐标正规化变换，$x = (180+x)/360$，$x[-180, 180]$；$y = (90+y)/180$，$y[-90, 90]$。使得 x，y 坐标正规化到 $[0, 1]$ 中，对某坐标的第 n 层编码判断如下：

$$\begin{cases} x_n-[x_n]<0.5,\ y_n-[y_n]<0.5,\ q \\ x_n-[x_n]\geqslant0.5,\ y_n-[y_n]<0.5,\ r \\ x_n-[x_n]<0.5,\ y_n-[y_n]\geqslant0.5,\ t \\ x_n-[x_n]\geqslant0.5,\ y_n-[y_n]\geqslant0.5,\ s \end{cases}$$

式中，x_n 和 y_n 分别为正规化后第 n 次计算的 x 和 y 方向的坐标值。其下层的 $x_{n+1}=2(x_n-[x_n])$，$y_{n+1}=2(y_n-[y_n])$，$n=1$，2，3，…。其中，$[x_n]$ 和 $[y_n]$ 分别为取不大于 x_n 和 y_n 的整数。

已知某坐标点的编码，计算其周边同层影像编码的公式如下：

$$x\ 方向，向左 \begin{cases} q,\ d_{n0}=d_{n0-1}+r \\ r,\ d_{n0}=d_{n-1}+q \\ s,\ d_{n0}=d_{n0-1}+t \\ t,\ d_{n0}=d_{n-1}+s \end{cases}$$

$$x\ 方向，向右 \begin{cases} q,\ d_{n1}=d_{n-1}+r \\ r,\ d_{n1}=d_{n1-1}+q \\ s,\ d_{n1}=d_{n-1}+t \\ t,\ d_{n1}=d_{n1-1}+s \end{cases}$$

根据当前影像编码最后一位的地址，可推算其 x 方向左右两侧的影像编码。d_n 为当前坐标第 n 层影像编码，d_{n0} 和 d_{n1} 分别为当前坐标第 n 层影像左侧、右侧影像编码，d_{n0-1} 和 d_{n1-1} 分别为当前坐标第 $n-1$ 层影像左侧、右侧影像编码，d_{n-1} 为当前坐标第 $n-1$ 层影像编码。y 方向亦如此。

上述详细介绍了根据坐标推算影像数据编码及影像邻区编码的过程。在 3DGIS 系统中，还需要给出影像的坐标范围，方可加载影像数据。坐标范围指上、下的纬度值和左、右的经度值，也可以理解为影像的左上角（Upper Left）和右下角（Lower Right）的坐标值。

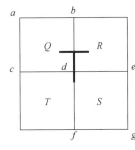

图 5.8　影像坐标
范围推算图

最顶层影像（全球影像）的坐标范围是已知的，左上角为（−180，85.051129），右下角为（180，−85.05113），其下各级的坐标范围可依据此推算出来，如图 5.8 所示。

设 $a(x_1,y_1)$，$g(x_2,y_2)$，ag 代表着上一层的坐标范围。由图 5.8 不难看出，b 点 $[0.5(x_1+x_2),y_1]$，c 点 $[x_1,0.5(y_1+y_2)]$，d 点 $[0.5(x_1+x_2),0.5(y_1+y_2)]$，$e$ 点 $[x_2,0.5(y_1+y_2)]$，f 点 $[0.5(x_1+x_2),y_2]$。那么下一层的 Q，R，T 和 S 的坐标范围分别为 ad、be、cd 和 dg。这里计算的影像范围是在坐标变换基础上进行的，计算结束后还需通过坐标逆变换方可获得正确的影像坐标范围值。

③ 基于视点位置的客户端三维浏览。在以 ArcMap 和 MapInfo 等软件为代表的二维地理信息系统 2DGIS 中，数据浏览范围是通过控制地图比例尺大小来实现的。而在以 GoogleEarth，Skyline TerraExplorer 和 ArcGlobe 等软件为代表的 3DGIS 中，数据浏览则需根据视点的位置来确定，即视点的高度、角度（水平方向、垂直方向）。影像数据的四叉树编码过程

中，底层的影像宽度为上层的影像宽度的一半，若计算机的屏幕大小不变，那么可认为观看底层影像时视点高度为上层时的一半。据此依视点高度来推算其所在层位的公式为 $n=m-\log_2(h/c)$，式中 m 和 n 为层数，$n=1,2,3$，m 为最大层数据，h 为视角高度，c 为最大层图幅宽度的函数。据墨卡托投影的特点，纬度越高 c 值越大。由此，可计算出当前视点高度所需显示出的 LOD 影像的层数据，再根据视点角度推算出其周边影像，从而实现三维浏览。

（3）文档统一查看服务。

随着长庆油田数字化油气藏研究与决策平台的深入应用及应用范围的扩大，科研人员逐渐依托数字化平台开展日常科研，网络形式文档查阅在日常科研中的比重增加，发挥的作用越来越明显。科研人员将大量的地震卡片、四性关系卡片、试油方案、岩心照片等中间成果资料上传到平台，实现科研成果的继承与共享，平台中积累的文档格式也日趋多样化，有常见的 Word，PPT，Excel，PDF 等，也有很多专业软件格式，如石文、卡奔等。文档浏览需要安装相应的专业软件，然而在研究与决策过程并不需要强大的专业软件编辑功能，因此，脱离专业软件的文档在线浏览方式，日益受到重视。

文档统一查看服务，与百度文库、豆丁书房、Google 文库的实现机制类似，是在文档上传过程中，利用 Silverlight 应用程序集，将文档转换为 XAP 格式，并进行统一存储，客户机能够使用 IE 浏览器在线浏览。其中，文档转换是无损的，原文档的排版样式和字体显示不会受到影响，包括文档的格式、文档中的图像、字体、特殊符号、源文档的颜色，而不必理会这个文档原来是由哪个平台、哪个应用程序创建的。

XAP 文件是 Silverlight 应用程序编译打包后的一个文件，它是一个标准的 zip 压缩文件，包括了 Silverlight 应用程序所需的一切文件，如程序集、资源文件等。XAP 文件在 Silverlight 项目编译时由开发环境自动生成。通常，将 XAP 文件嵌入到网页中，使得用户打开这样的网页时，XAP 文件能够立即打开，用户不必离开网页就能查看文档内容，客户机上也不用安装相应专业软件，方便了用户的使用。

在 RDMS 研发过程中，以地质图件为展示前台，以数据库中井位、地震信息为基础，通过不同投影坐标自动变换、地质图元高亮技术，实现了 10 万余口单井、2.9 万条地震测线的快速定位。然后，以单井名称、地震测线号为索引项，采用物化视图、增量同步等技术，实现了 166 类 287 万个相关数据、成果的快速导航。最后，通过统一的结构化数据及成果文档浏览器(FileViewer)，实现了任意格式的数据、成果的在线浏览。

5.3.2　油气藏连井剖面自动绘制技术

油气藏地质图件是油气开发的重要技术资料，要把埋藏在地下的油气有效地开采出来，必须清晰地描述复杂油气藏的几何形态、各种物性参数及其分布。人们利用各种可能的手段获取地下油气藏的各种数据，通过分析、解释，建立相应模型，描绘出油气藏概貌，从而指导后续工作。

油气藏剖面图是三维油气藏实体在垂直方向上表现出的油气藏内部的形态。对了解油气藏储层各层的形状、它们之间的关系、油气分布等特性起着特别重要的作用，是油气田从开发初期、中期到后期不可缺少的图件。

油气藏剖面图主要依据从测井资料中获得的数据，辅之以地震、取心、试井、录井、分层等资料，从测井资料解释出储层中各小层的参数。但是，这些资料作为油气藏剖面图的直接依据，只在该井的有限范围内有效，各井之间并无相应的参数。人们利用多种方法来计算、估计井间的空间参数，精度各不相同，难易不一。在工程上应用最多也是最简单的方法是井间用直线联接，即做线性变化处理，在有些场合下亦要求作光滑、着色等处理。此外，大多数油层均含有断层，断层的识别较困难，一般要依据测井、地震等资料，加上熟练地质师的经验知识做出判断、并估算出相应的断层参数。

在绘制油藏剖面图时，主要存在如下一些问题及解决策略：

（1）小层连接问题。

依据测井资料进行分层、建立单井数据库。例如：某油田的储层在侏罗系中统，主油层又在中统中部，其中又划分为 5 个砂岩组 19 个小砂层，分别标记 S_1^1 至 S_3^3 等符号，但储层复杂，各井的层序各不相同。除标准层比较稳定外其他大多数小层连续性比较差，井间各小层非连续部分做尖灭处理。通过各井的油藏剖面图的绘图处理，或称之为小层剖面联接算法，归根结底是两个井间的联接算法。只要能处理相邻两井间的剖面图形，就能处理多井的图形。因此，只考虑相邻两井间的联接算法。

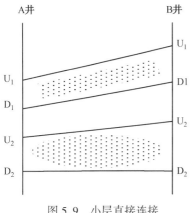

图 5.9　小层直接连接

① 直接连接：最简单情况是相邻井 A 和 B 都有相同的小层，则在数据库中找出对应层位联接即可，如图 5.9 所示。A 井有 S_2^{2-y} 和 S_3^{3-y} 两层，则将 S_2^3 和 S_3^3 的顶界 Ua 和 Ub 相连接，底界 D_a 和 D_b 相连。A 井和 B 井的 S_2^3 和 S_3^3 层均为油层（标志为 y），着色时涂上同一颜色或画上同一标记。这种情况可称为直连（Direct Link）。

② 尖灭处理：相邻两井 A 和 B 中，当 A 井有某一小层而 B 井却没有，则 A 井中该小层在 B 井方向一侧具有一个尖灭（Vanish）；反之，若 B 井具有某一小层而 A 井没有，则 B 井上该小层在 A 井方向一侧有一个尖灭。尖灭点（即该层消失点）与该小层厚度、相邻层的走向、两井间的距离等因素有关。简单的处理方法是寻找出尖灭点后，该点与该层顶底界相联成三角形。实际的尖灭形状依不同的沉积层有所不同，就同一沉积模式，不同部位尖灭形状亦不相同，如图 5.10 所示。

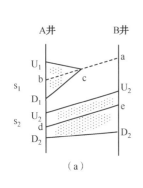

（a）

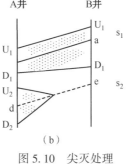

（b）

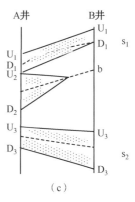

（c）

图 5.10　尖灭处理

（2）光滑和着色处理。

上述直接连接地层的方法，能看清油气藏内部各小层的大致形状、各井间小层的连通情况，对于采油注水有重要的指导价值。但实际储层是复杂的，剖面图各小层并非折线形，一般是比较光滑的。同时，各小层的成分不同，性质不同，可分为油层、气层、水层、干层、致密层、差油层等。为了在剖面图上更真实地反映这些信息，必须对小层做进一步光滑和着色处理。

① 光滑处理。油气藏剖面图中层面界线的光滑程度要求并不高，选用具 C^1 连续算法满足工程上要求。因此，我们选用计算比较简单的抛物线调配曲线作为各层光滑曲线，抛物线调配曲线虽然有计算简单且所绘曲线光滑的优点，但实际应用中当两层垂直距离比较近，数据点横向跨度较大时会出现曲线相交现象，必须做相应的修改。

② 着色处理。地层着色以便直观地显示各层油藏的属性，区分各层含油、气、水等状况。地层着色在计算机图学上来说即为区域填充，重要的是定义各层区域。区域的定义分两种情况。第一种情况是单一层，即该层的属性是单一的，为单纯油层、气层等，则填上单一颜色。填充方法是将某一层的相邻两井间划分成若干区域，例如分成 2^n 个小区域（四边形），逐个小区域填色，然后再填另一对相邻井间的井段，直至整个剖面图上填充完毕。第二种情况是混合层，例如油水同层，在一层内既含有油又含水，则在一层内填上两种以上的颜色。在油藏剖面图中较多的油水同层，油层填红色，在水的上方；而水层填蓝色，在红色下方。涂色区域的划分方法和前述方法相似，在顶界线和底界线上作 2^n 个等分点，分别与顶点 U_a 和 D_b 相连成若干三角形，各三角形即为填色区域。

（3）断层处理。

由计算机自动识别断层并确定断层参数，至今尚无完善的方法，断层处理一直是地质绘图中的一个难点。在大范围内（以千米计算）断层线往往是复杂交错的形式，且常为曲线。在油气藏剖面图中，由于范围较小，断层线常为简化的直线。绘制断层通常是在人工判定断层并确定了断层参数条件下人机交互方式完成。

设已知断层线的倾角（在剖切平面上）、断层线起点和终点位置以及纵向断距，则可在屏幕人机交互方式下设置断层线。对于多条断层线情况，断层线可以有交点，但不穿过。处理方法是逐条断层线与逐层求出相交点，然后依垂直断距处理各层的错位。层的错位又与正断层和逆断层有关，正断层是断块在倾斜方向一侧下滑，而逆断层则上移，如图 5.11 所示。

倾斜方向基本是两类：一类是左高右低（LHRL），另一类是右高左低（RHLL）。图 5.11 中只表示出了断层中左高右低的情况，右高左低情况与此相类似。由于地层比较复杂，因此断层线与地层顶界底界相交可能出现许多种情况，图 5.11 中列举了几种基本常用的图样。图中 SE 为给定的断层线，A 和 B 为相邻两井，两井间的断层线能够处理，意味着整个剖面图上亦能处理。

针对科研人员在地质研究相关专题图制作过程中，逐井收集整理单井资料，手工加载数据、绘制图像、编辑图件耗时耗力等问题，开发了图面作业在线分析工具。通过数据自动推送、加工处理，实现基于标准模板的各类专题图快速生成。开发内容包括：以平面地

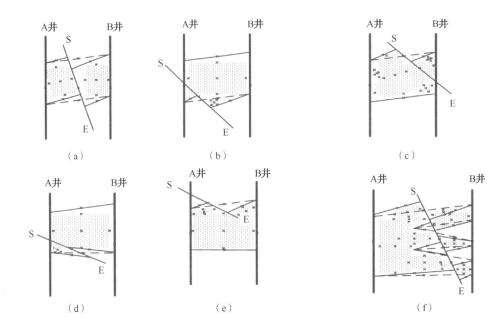

图 5.11　断层线绘制样式

质图件为底图，动态关联测井、录井、试油（气）、分层等专业库数据，在线绘制地层对比、油气藏剖面、电性插值、油层对比、小层对比、栅状图等多种连井剖面。

5.3.3　动态组图与属性分析技术

油气藏勘探开发中产生了大量多系统、多层次的空间实体，可总结为点、线、面三类。对单井等点类型实体，数字化油气藏研究与决策支持系统（RDMS）已经实现了对单井空间坐标和全生命周期过程中各类动静态属性数据的标准化管理，同时提供了各种数据查询统计分析以及基于平面地质图件的单井导航、属性分析等功能；针对等高线、构造线等线类型实体，研究人员可在 RDMS 平台中根据提供的单井数据在线勾绘，实现对生产数据的实时动态分析。

针对矿权区块、储量计算单元、开发生产单元等面类型的空间数据，主要存储于各类地质图件中，用户使用时只能通过查找相应图件进行查看，效率低下；同时分散的数据管理方式也导致空间图形数据与属性数据之间形成信息孤岛，难以满足勘探开发一体化的业务应用需求。

在日常工作中，科研人员提出了基于平面地质图件对面元进行空间导航及其属性数据查询的需求；同时在开发形势分析中，需要对油田开发现状、储量动用情况进行实时统计分析；针对作为油气田核心资产的储量，根据各自需求，需要按省县、厂处、矿权、环境保护区等不同维度对储量进行统计、劈分。

（1）空间数据库。

空间数据是对现实世界空间实体的抽象表达，记录了空间实体的地理位置、实体间拓扑关系、几何特征和时间特征，包括位置、形状、大小及其分布特征等诸多方面信息的数据。空间数据具有时间性、空间性、多维性和海量数据性，它的最基本特征是空间特征。在油气藏勘探开发过程中产生的各类空间实体数据可分为图形信息和属性信息，需要对这些不同类型、不同维度、不同层次的空间数据进行统一的标准化管理，实现形式多样的应用。

空间数据库是实现空间实体数据管理与深化应用的基础与核心，它的作用主要包括：海量数据储存与管理、空间数据处理与更新、空间分析与决策和空间信息交换与共享。

Oracle Spatial 是 Oracle 支持 GIS 数据存储的空间数据处理系统，遵照 OpenGIS 规范定义了存储矢量数据类型、栅格数据类型及拓扑数据的数据库原生数据类型，实现了将所有空间数据类型(矢量、栅格、网格、影像、网络、拓扑)统一在单一、开放、基于标准的数据管理环境中，减少了管理单独、分离的专用系统的成本、复杂性和开销。结合长庆油田在用主流数据库均为 Oracle，采用 Oracle Spatial 组件搭建空间数据库，建立空间库时将各类空间实体细分至最小层级，以最小的空间管理单元为单位，按专业类型、数据格式分类建立空间数据模型，最大限度保证数据存取、查询、分析等操作的灵活性。

同时，为了保证空间数据的兼容共享，对空间数据地理位置、形状、颜色样式等空间信息的表达采用 WKT(Well-Known Text)标准格式。WKT 是一种文本标记语言，用于表示矢量几何对象、空间参照系统及空间参照系统之间的转换，该格式由开放地理空间联盟(OGC)制定。WKT 可以表示的几何对象包括：点、线、多边形、TIN(不规则三角网)及多面体，可以通过几何集合的方式来表示不同维度的几何对象。

（2）空间计算与智能分析。

结合空间数据分析需求，采用缓冲区分析、空间叠加等技术，实现了空间计算、虫洞剔除、自动劈分等功能。在面与面叠合时可以进行并、交、补、异或等空间计算，如图 5.12 所示。在图元标准化处理和面积统计分析时，可剔除指定空间实体上的镂空虫洞，如图 5.13 所示，也可根据指定边界线对面元进行自动劈分，如图 5.14 所示。

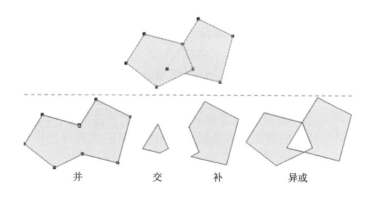

并　　　　交　　　　补　　　　异或

图 5.12　并、交、补、异或等空间计算示意图

（3）空间数据引擎(SDE)与空间服务(Web Service)。

空间数据引擎(SDE)是一种介于应用程序和空间数据库之间的中间件技术，为用户提供数据访问、数据处理的统一接口。将上述空间计算与分析功能，以及基于此的各类数据查询、计算、统计分析等功能封装为 SDE，可以为用户提供空间计算与智能分析。

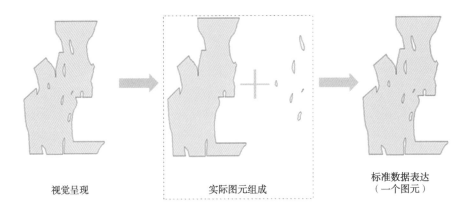

图 5.13　虫洞剔除示意图

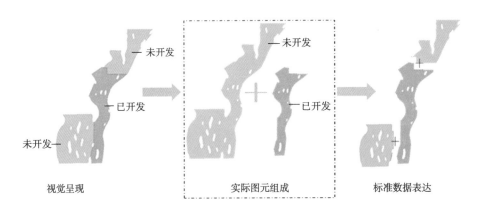

图 5.14　面积劈分示意图

Web 服务(Web Service)是基于网络的、分布式的模块化组件,通过 Web 部署提供对业务功能的访问,具有跨平台、跨操作系统、跨编程语言、简单和高度可集成等特点。通过 Web 服务技术,实现各种不同平台对空间数据和 SDE 空间分析功能的调用,为用户提供基于 Internet 的空间数据访问、计算、分析等 Web 服务,提高系统开发的兼容性、可用性。

SDE 的工作原理是将通过 Web 服务取得的用户访问请求转换成数据库能够处理的请求事务,数据库处理完相应的请求后将数据返回 SDE,SDE 对数据进行计算、分析等处理后将结果通过 Web 服务实时反馈给用户。

(4)空间数据标准化处理。

在空间数据库搭建的基础上,重点对开发单元、储量计算单元、行政区、管护区、勘探区带、油气田、矿权区块等类型空间数据及其属性数据进行整理入库。针对开发单元,由于大部分单元都没有成形图件,而已勾绘过的图件收集整理工作量特别大,同时根据生产动态的变化,单元边界也需要随时进行更新。因此,以 A2(油气水井生产数据管理系统 2.0)中生产区块为基础,通过关联关系获取区块内所有油水井坐标,再基于单井井控面积,通过图元叠加等技术,对开发单元边界进行推算,实现开发单元边界坐标的快速自动勾绘与提取,如图 5.15 所示。同时,定期对开发单元空间及属性数据进行更新。

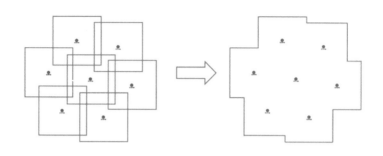

图 5.15　开发单元井控外推、自动勾绘边界

针对储量单元,空间信息及属性数据存储在 GDB 图件和各类报告、附表等资料中,数据存储方式较多,同时还存在储量图元绘图不规范(如虫洞、面劈分不规范)、坐标系统或者投影系统不标准、图元名称与储量单元名称不一致等问题。在储量数据整理中制订了标准化的处理流程,如图 5.16 所示。重点针对储量面元开展了面元规范、虫洞剔除、面元劈分、面元合并,以及投影系统、坐标、图元名称、颜色等标准化和储量单元与面元对应关系的搭建工作。

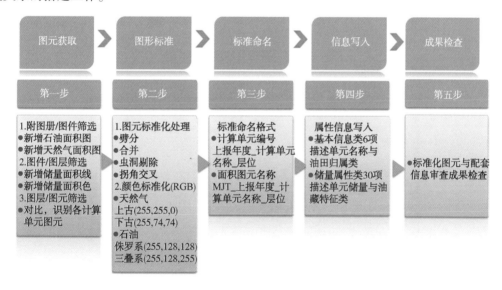

图 5.16　空间数据整理流程(以储量为例)

此外,考虑到数据更新和新图件绘制的需求,直接将 SDE 开发的虫洞剔除、面元计算等功能集成至油田公司在用制图软件中,并增加数据上传接口,用户在制图的同时即可完成空间数据的入库工作,如图 5.17 所示。

(5)空间导航与属性分析。

对于空间导航,包括对空间实体地理分布位置的定位和属性数据的查询分析。在

RDMS 平台的地质信息系统中采取两种空间导航方式：一是提供类似于单井的关键词模糊检索，既可将查询结果（即位置分布）动态展示在地质图件上，也可提供该实体关键属性数据的分析展示；二是根据实体属性数据统计分类，提供目录树式的宏观数据总览，并可根据索引目录逐级向下钻取，实现空间数据的导航与分析。比如针对储量单元，可以按照组织机构、地质单元、层位逐级钻取，如图 5.18 所示。

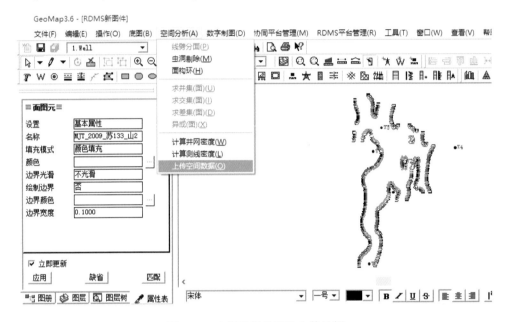

图 5.17　空间数据处理及上传示例

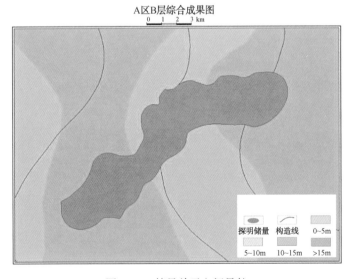

图 5.18　储量单元空间导航

在空间导航的基础上，针对开发单元，可实时查看单元的开发指标，也可动态关联 A2 生产数据，在线绘制区块综合开采曲线与开采现状图，快速开展油藏开发动态分析。

针对储量计算单元，则可以在线查看上报年度、层位、面积、储量、采收率等相关数据，并可对采出程度、动用率、采油速度等动用情况进行分析。

（6）动态组图。

平面地质图件作为各类地质要素表达的"形象语言"，既是油气藏研究成果的重要载体，也是展示生产现状与开发现状的重要手段，图件绘制工作的重要性不言而喻。

在日常工作中，从部署、评价到开发形势分析各个环节的图件绘制中，都需要综合考量勘探、开发、矿权、储量、保护区等各类型空间数据。因此，RDMS 在对这些数据进行统一管理的基础上，开发了在任意平面地质图件上动态叠加空间数据功能，辅助支撑图件的动态绘制，实现基于空间分析的动态组图，如图 5.19 所示。

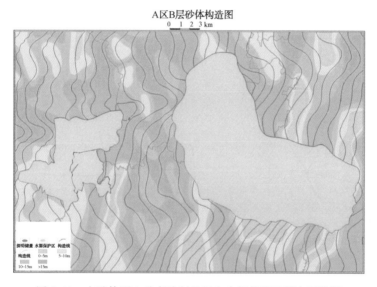

图 5.19　在砂体图上动态绘制县界和水源保护区等空间数据

5.3.4　相控等值线成图技术

GeoMap 功能丰富、操作简单，是石油地质研究人员必备的图形软件工具，但是针对等值线成图这一功能而言，GeoMap 曲线线性较少、不易编辑，而且未考虑相控因素。在 RDMS 中，通过开发相控等值线成图工具着重解决 GeoMap 绘制等值图功能不足这一问题，力求在等值图绘图中更加专业化、自动化。

等值图绘制时，对于各向均一的场，原始数据点代表的是一种各向同性的数值分布，如海相盆地里的沉积厚度、均质砂岩油藏的油层压力分布都属于这个类别。这类等值图的绘制，为自由边界，可采用自由梯度场模型，不需要考虑各向异性。但对于鄂尔多斯盆地，含油层以河流相沉积和三角洲相沉积为主，这类地层表现出非常明显的受河流（或水下河道）方向控制的特征，因而具有各向异性。这类等值图的绘制，受边界约束和内部主方向线约束（即通常所说的"相控"），可采用束梯度场模型绘制。

与常用软件提供的等值线绘制算法相比，RDMS 系统采用 Delaunay 三角剖分算法，将砂体的边界线作为约束边界参与等值线勾绘过程中，实现等值线自动绘制。

在三角剖分中，假设 V 是二维实数域上的有限点集，边 e 是由点集中的点作为端点构成的封闭线段，E 为 e 的集合。那么，该点集 V 的一个三角剖分 $T=(V, E)$ 是一个平面图 G，该平面图满足条件：（1）除了端点，平面图中的边不包含点集中的任何点；（2）没有相交边；（3）平面图中所有的面都是三角面，且所有三角面的合集是散点集 V 的凸包。

要满足 Delaunay 三角剖分的定义，必须符合两个重要的准则：

（1）空圆特性。Delaunay 三角网是唯一的(任意四点不能共圆)，在 Delaunay 三角形网中任一三角形的外接圆范围内不会有其他点存在，如图 5.20 所示。

（2）最大化最小角特性。在散点集可能形成的三角剖分中，Delaunay 三角剖分所形成的三角形的最小角最大。从这个意义上讲，Delaunay 三角网是"最接近于规则化的"的三角网。具体地说是指在两个相邻的三角形构成凸四边形的对角线，在相互交换后，6 个内角的最小角不再增大。最大化最小角特性示意图如图 5.21 所示。

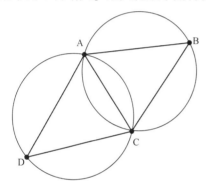 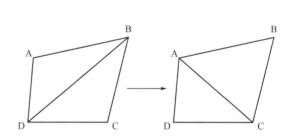

图 5.20　空圆特性示意图　　　　　　图 5.21　最大化最小角特性示意图

利用区域单井的离散点坐标(X, Y)和属性值(Z)，生成 Delaunay 三角网。搜索第一个等值点，利用内插方法，在三角形边上计算等值点坐标，然后按某一方向进行等值点追踪。如果追踪回到起点，则生成闭合等值线；如果追踪到边界上，则在第一个等值点处，沿原追踪方向的反方向追踪，直到追踪到另一边界，从而生成非闭合等值线。依次连接等值点生成的线是一条折线，在原始数据点较多、分布均匀时，可以作为近似曲线。但在数据点分布不均且相对较少时，还需进行平滑(如 Bezier 函数或 B 样条函数)处理。

与常规等值线绘制算法相对比，常规等值线绘制方法采用矩形网格插值算法，沉积相的边界不参与等值线的绘制；三角剖分算法在等值线绘制过程中，受沉积相边界约束，等值线平行于约束边界，相控绘制的等值图能更真实地反映地质体油藏物理性质在空间分布特征，如图 5.22 所示。

此外，相控等值线成图技术还提供了填色等值图的功能，将每两条相邻等值线都通过三角剖分与合并形成一个连通(填色)区域，这个区域还可以以 GeoMap 支持的面格式回传给 GeoMap，从而便于 GeoMap 使用和编辑。这种等值条带可编辑功能，与原来 GeoMap 软件只能手工选择线，并进行一系列复杂的打断、连接操作才能获得一个填充面相比，其方便与快捷的程度有了较大提升，同时，在表现构造趋势、油气水分布等方面，具有较强的直观性。

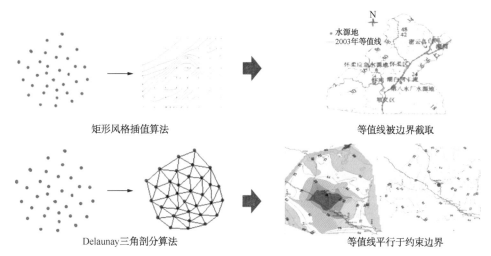

矩形风格插值算法   等值线被边界截取

Delaunay三角剖分算法   等值线平行于约束边界

图 5.22　相控等值线绘制算法与矩形网格插值对比

5.3.5　系统功能模块

CQGIS 是以国内石油行业普遍使用的 GeoMap 地质图件为基础，将现有地质图件与地理信息 GIS 技术相融合，通过地质要素的快速查询定位、动静态图层叠加、空间分析、智能成图等技术，实现基于平面地质图件的多元数据查看、多图联动布井、邻井快速分析、油气藏专题图绘制功能，系统涵盖三个方面的 31 个功能模块，见表 5.1。

表 5.1　CQGIS 功能模块统计表

序号	功能模块	功能描述	序号	功能模块	功能描述
1	图件列表	显示系统中所有的地质图件	8	意向井	结合地理图、高清影像图多图联动进行井位部署
2	收藏夹	查看收藏夹和历史记录	9	井网部署	按照不同的算法生成井网部署图，并导出井网坐标
3	快速检索	快速在图件或者数据库中检索井、测线、地名等信息	10	井位更新	从文本文件批量读取井位坐标，在图上匹配井并更新坐标
4	已选对象	选择井、测线、面图元等操作	11	邻井分析	对周围邻井、邻近测线及各井在地震测线上投影的相关分析
5	面内分析	根据选中的封闭区域，计算区域面积，加载区域内井及测线	12	智能解释	结合样本数据进行孔渗饱及流体性质等相关智能解释
6	资料分布	对数据集在当前图件可视范围内上显示数据集关联井的分布情况	13	多井对比	提供多井的测井图进行对比操作
7	逻辑区块	搜索井或区块后比例尺放大至一定范围后，保存当前图幅范围	14	剖面绘制	分别绘制单井相关剖面和连井相关剖面

续表

序号	功能模块	功能描述	序号	功能模块	功能描述
15	砂体结构	生成相关的砂体结构分布图	24	储量单元	从空间数据库获取储量单元数据，并动态绘制储量单元到当前地质图件上
16	开采现状	从平台获取 A2 生产数据绘制开采现状图	25	储量边界	加载 A2 井，并在选中井的范围内，按照指定的层位过滤井进行面积勾绘
17	岩石组分	绘制输出井在指定层位上岩石组分统计图表	26	开发单元	获取 A2 开发单元数据，动态绘制开发单元到当前地质图件上
18	图表工具	在图件中绘制相关统计数据的 Chart 图	27	生产预警	查询 A2 生产库油井、气井的日产油、日产气数据进行绘图并给出警示
19	数据标注	查询自定义输入井相关的数据信息，通过该工具将这些信息标注在井旁边	28	软件接口	提供软件接口操作
20	等值线工具	提取高程信息自动绘制等值线，绘制完成后回传等值线图层	29	百度地图	提供百度地图与地质图件联动展示
21	龟背图	龟背图计算容积法参数	30	地理图	提供 ArcGIS 地理图，可以和地质图进行联动
22	面积权衡	等值线面积权衡计算容积法参数	31	高清影像	可以将地质图件上的部分要素在高清影像上定位查看
23	动态组图	提取空间数据并生成 GDB 图层			

（1）基于平面地质图件的专业数据整合——以点线面空间数据模型为基础，通过动态图层技术，实现通过地质图元导航快速获取地震、钻井、录井、测井、试油及物性等 9 大类 38 余项单井基础资料及研究成果，如图 5.23 所示。（2）基于平面地质图件的专题图在线绘制——通过底层数据适配器技术，实现"数据+模版"在线绘制砂体结构图、地层对比图、油气藏剖面图、相控等值线图、岩矿组分图、开采现状图等 10 余种专题图。（3）基于平面地质图件的联动分析——以多窗口通信技术为基础，通过多图联动、平剖联动、图表联动功能，实现在砂体图、烃源岩图、沉积相图等多类型、多层系地质图件上同步布井，并结合地理图、遥感卫星影像图查看部署井的地理位置和地貌特征。

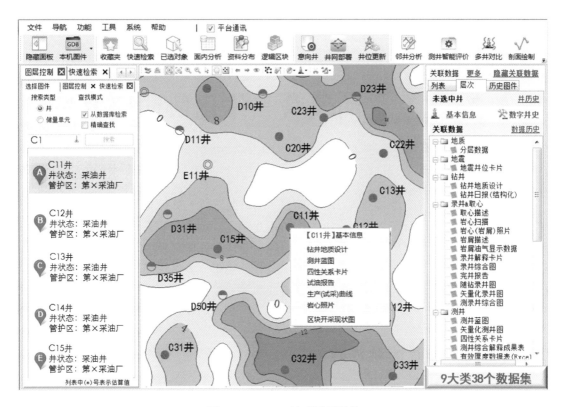

图 5.23　CQGIS 地质图元导航

第6章 油气藏一体化协同研究

数字化油气藏研究是由多学科、多部门、多岗位的研究人员针对油气藏全系统的各个单元任务，在统一的运行环境及平台上进行的相互融合、协同互动式研究与决策。这种一体化的协同研究必须具有多专业不同软件的协同、油气藏分析的模型工具、数据服务、自组织研究团队创建等关键技术的支持，才能突破分散独立、多头管理的各种屏障，实现自组织业务的连接与协同，使各种数据资源与成果融会贯通，保障勘探开发决策的科学高效。

6.1 自组织项目团队创建

在传统项目团队管理中，通常是在一个团队中由一个人负责团队的管理，而其他成员不参与团队事务的管理，管理者发布命令，团队成员执行命令。这样的管理存在诸多弊端，不利于项目任务的质量保证和快速完成，主要体现在以下几个方面：

（1）传统管理对于团队事务很难做到面面俱到。要创建一个优秀的团队，需要管理的团队事务非常多，例如项目管理、组织团队建设活动和团队分享活动等。如果仅由一位管理者来负责管理很难全部完成，即使全部完成了，由于没有充足的时间进行过程管理，其结果也会大打折扣。

（2）传统管理执行力不够。在传统管理中，主管是指挥者，发布指令，团队成员是指令的执行者。但团队成员是人而不是机器，他们都有自己的想法，有时对于自己不认可的事情，即使内心不愿意，迫于主管的权利也只能执行，而这样往往导致执行力不足，经常需要主管的督促。

（3）传统管理很难充分发挥团队优势。团队优势在于每位成员都在积极主动地为团队目标付出自己的一份力。团队中经常有一些较积极的成员会提出一些好的建议和想法，他们希望主管认可其想法，并能组织大家完成这个想法。在传统管理中，也许因为主管认为这个想法没有价值，或者因为管理者没有时间来组织这件事情，导致这些想法最终没有实现，从而导致利于团队工作的想法越来越少，最后只有管理者一个人来思考如何提高团队的工作效率等情况。

6.1.1 自组织虚拟团队

为了消除传统项目团队管理带来的弊端，在油气藏数据链技术的支持下，构建虚拟团队，尝试进行自组织管理实践，让团队中的每一位成员都参与到团队事务管理中，发挥团队成员的智慧，增强他们的主动性和积极性，以利于团队目标的实现。

自组织虚拟团队(Virtual Team)是一种新型的工作组织形式，它是基于需求和业务驱动来组织的，具有自生长能力，它建立在现代通信技术和信息技术不断发展的基础之上，由跨部门或跨组织边界的权威核心与知识或技能互补型成员构成，以权威核心为交流平台，进而达到知识、经验的共享和项目集成的动态调整，并在学习与创造中实现组织目标。虚拟团队的优点在于，在增强团队凝聚力的同时，能打破部门界限和企业边界，实现跨部门、跨企业边界相互学习，形成管理优势和技术优势的组合；可以提高科技成果的转化率和创新速度，避免因"近亲繁殖"造成的组织整体技术水平、管理水平下降；缩短组织信息交流、沟通所用的时间，减少管理费用，获取和留住优秀人才等。

与传统团队相比，虚拟团队具有以下特征：

(1) 目标的实时性。传统团队的目标一般带有长期性和稳定性，而虚拟团队的目标往往是短期的和多变的。

(2) 组织结构的灵活性。虚拟团队是围绕特定目标来组织资源的，一旦目标实现或者发生转移就意味着虚拟团队的结束或者重生，具有较高的灵活性。

(3) 团队构成方式的多样性与复合性。传统团队往往是某一方面人才的集合，成员往往有相似的背景或类似的知识结构。虚拟团队则是相关人员围绕某一目标的组合。

(4) 宽泛的组织边界和较低的成员集中度。传统团队通常仅仅是企业内部为完成某项特定任务而组成的，为保障非信息化的有效沟通，组织边界就不可能很宽；而虚拟团队则更多地是部门间(或是企业间)、甚至是跨地区、跨国家界限的组织形式，组织成员可能分布于不同地区，他们以信息技术为工具，进行跨区域的实时交流，完成特定任务，因而组织边界非常宽泛，成员集中度非常低。

(5) 资源的互补性。虚拟团队成员的构成实质上是多种优势力量的联合，各个成员为虚拟团队贡献出各自的优势资源，共同构成实现团队目标所需的所有资源，形成优势资源互补的统一体，产生强大的资源优势和竞争优势。

(6) 虚拟的办公场所和网络为主的沟通方式。传统团队一般都有固定的(物理)办公场所，虚拟团队则没有这样共同的、看得见的固定办公场所。他们最多是在开会时拥有一个会议室，但会议一结束他们就各奔东西。而这种工作方式也决定了虚拟团队同传统团队在沟通方式上的差异：传统团队的主要沟通方式是面对面的交流，虚拟团队则需要借助现代信息技术远程交流。由于虚拟团队所执行的任务可能要求他们长期在不同的地方执行相互联系的行动，必须借助于现代信息技术进行远程交流，以便对行动进行调节和控制。

鉴于虚拟团队具有的上述优势，它比较适合于长庆油田这种油气藏作业区块横跨地理范围广、作业区域地理环境及地质结构复杂，而油气藏研究与决策中心又远离作业区的情况。但是，由于虚拟团队管理者和成员相距较远，他们之间容易产生严重的信息不对称，在有限理性、地域广泛以及难以及时正确选择大量信息的条件下，必然导致组织决策权力分散化。因此，需要在虚拟团队中加入自组织管理模式，员工可以根据信息的必要性及时做出决策，加强在整个组织高度分权下的员工自主性，形成虚拟化自组织项目团队。

由多学科专业人员构成的数字化油气藏研究与决策的虚拟团队，在自组织管理模式中，打破部门、学科界限，团队中的每位成员既是管理者，又是执行者，每位成员管理着自己擅长并感兴趣的事情，这样事情通常都能很好地完成；而且团队中的每位成员都能站在管理者的角度来思考问题，增加了团队成员之间彼此的理解，具有多学科、多专业协同攻关的优势。

6.1.2 自组织虚拟团队应用案例

长庆油田作业区大多地处幅员辽阔的陕、甘、宁、蒙、晋等西北五省，分布在戈壁、沙漠与黄土高原，交通不便。当需要针对某一个课题开展项目研究或交流讨论时，往往无法有效地将相关人员组织到一起。在创建虚拟团队时，创建人可以将不同地域、不同学科、不同部门的人添加到同一个虚拟团队中，类似于微信中的朋友圈，被添加到同一个虚拟团队的成员，可以打破地域、权限等诸多壁垒，根据业务需求进行资料分享、实时通信、协同研究。自组织虚拟团队应用界面如图6.1所示。

图6.1　自组织虚拟团队界面

以往分享文件时，只能通过发送电子邮件、U盘拷贝等方式来完成，这样的做法时效性相对较差，文件传输的安全性也无法保证。而且，团队的每个成员都需要保存同一份文件的一个副本，浪费了磁盘存储空间。通过虚拟团队，小组成员只需通过点击界面上的分享按钮，选择相应的文件即可完成实时共享资料，省去了文件传输的环节，既安全又高效。

在虚拟团队界面，还集成了CQGIS(长庆油田地质信息系统)、数字井史系统等平台常用功能的快速入口，这对自组织虚拟团队成员实现横向、纵向的资料关联提供了便利，能有效提高工作效率。

6.2 专业软件一体化

长庆油田是典型的低压、低产、低渗透及多类型、隐蔽性、非均质性强的油气藏，地质环境极为复杂，在油气藏研究与决策过程中，需要借助地球物理、地质、油气藏建模、数学建模等多学科、多专业的应用软件来辅助开展工作。经过调研，长庆油田的专业软件呈现数量多、集成度低与软件应用局部先进、整体落后的特点；而且，前期数据加载、收集、整理工作量大，占用了近60%的研究工作时间；特别是受不同软件的内部格式制约，形成的成果格式不统一，导致成果的共享难度大。

在 RDMS"一体化、多学科协同研究"环境建设中，需要提高这些软件的应用效率和质量，将科研人员从繁琐、技术含量低的数据整理和收集中解放出来，让他们有更多的时间投入到科研工作中去；同时，实现软件成果的实时共享。

6.2.1 专业软件应用现状

开展油气藏专题研究时，需要应用多种专业软件的协同，而每个软件应用所需的前期资料通常是从相关科室、个人、数据库中获取的。由于软件厂商数据格式不开放、标准不统一，研究人员需要根据不同软件标准手工进行数据整理、格式转换和加载。同时，研究成果的个人保存或依赖专业软件项目库存储，缺乏统一的标准规范及管理平台，研究成果的共享难度大。

地质图件是用来反映油气藏空间分布、砂体形态、矿权分布等油气藏空间信息，直观地表现特定区域结构和地质现象，是地质研究的基础，在油气藏研究中占有巨大的工作量，耗费大量的人力物力。在实际生产科研中，长庆油田"平剖柱"地质图件多达30余种。比如，在绘制砂体等厚图时，为了能准确刻画地层砂体特征，最基础的工作就是将每一口井的井位绘制到图件上。以长庆油田应用最普遍的地质绘图软件 GeoMap 为例，分析原有软件应用方式：在 GeoMap 地质图件上增加一口井的井位，需要从数据库中下载井位坐标，再在从事分层工作的科研人员那里收集分层数据，按照 GeoMap 软件标准，逐个类型整理数据，逐项加载。绘制好的图件手工转成明码文件后，其他软件才能读取。而长庆油田每年完钻油气探评井、开发井达万余口，仅从这一项工作就可以看出其工作量是非常大的。

而且，用于油气藏研究的软件门类繁杂、集成度低，软件之间数据传递、成果共享难度大，耗费了科研人员大量时间来找数据以及整理数据。因此，亟须通过研发油气藏专业软件接口技术来整合软件资源，搭建统一的软件通信平台，实现国内外勘探开发软件之间、专业软件与数字化油气藏研究平台之间的数据发送、接收与交换，建立全油田系统的一体化软件应用环境，消除因软件和平台不相容而产生的数据交流障碍，从而提高油气藏研究工作的效率和质量。

RDMS 建设初期，以专家座谈和调查问卷的形式对油气藏研究过程中涉及的软件内容、商业属性、系统属性、用户满意度及工作流程等方面内容开展调研、收集信息。通过校对、分析、评估等方式对软件属性、结构及功能进行了归纳分类，主要有基础软件、主流软件和辅助软件三大类，见表6.1。

表6.1 勘探开发专业软件统计表

类别	基础软件	主流软件	辅助软件
勘探评价	GeoMap，Gxplorer	GeoWork，PetroMod，Trinity，MOVE	Carbon，Continuum，Petroleum Industrial Economic Evaluation System，Cyclolog，GPTMAP，MapGIS
油气开发	Petrel，Eclipse	RMS，GOCAD，Discovery，RECON，MEPO，SAPHIR，Pansystem，PE，F. A. S. T. RTA，F. A. S. T. VirtuWell TM	ResTools，OFM，Visal Mod Flow，FEFLow
地球物理	OpenWorks，Geoview，Jason，GeoFrame，Forward. NET，Geolog	ProMAX，OMEGA，Geocluster，GeoEast，GDCmod，Stratmagic，Logvision，Lead	Promult，SAGA，MARVEL，3MIGs，ToModel，ENEN，TESSERAL，Millennium，GEOSCOPE，SVI PRO，CohTEEC，LD - GMAX，LD - EPS image，Geo-office，Crystal，RocDoc，Seisware，LFSI，Ciflog，Easycopy
合计	10	22	30

（1）基础软件：指各勘探开发专业中应用最广泛的软件，是科研人员开展日常工作的必要手段。这部分软件是接口开发的首要任务。

（2）主流软件：是石油行业内在某一特定专业普遍应用的软件，这些软件的应用频率略低于基础软件。

（3）辅助软件：指软件的某一功能应用效果突出，更适合鄂尔多斯盆地油气藏特点，但应用频率相对较低。

6.2.2 专业软件接口

开发专业软件的接口适配器，对于结构化数据、非结构化以及半结构化数据的自动读取、解析、抽取所需数据项，按照交互界面提供的参数，进行模式分析、公式计算、格式转换，实现了国内外勘探开发主流软件之间、以及专业软件与数字化油气藏研究平台之间的数据发送、接收与交换。

专业软件接口程序主要包括：商业逻辑接口、授权接口、格式化数据输出接口、配置管理接口、客户端接口。通过授权接口，能够实现商务逻辑接口与客户端接口之间的通信，授权方式包括密码、Session、Cookie 和 Token 等。格式化输出接口支持多种格式化输出，将商务逻辑接口内处理的数据格式化输出到客户端接口，数据格式包括 XML，TXT，Html，JSON 和 Excel 等。配置管理接口进行接口管理单元配置，识别 XML 和 INI 等文件格式。客户端接口采用多语言、多平台全覆盖，通过多种方式与客户端进行通信，包括 SDK/API 方式、第三方专业软件接口方式、前端展示组件接口方式、厂商合作方式等。

专业软件接口程序具备统一集成框架、B/S 与 C/S 统一接口多种模式集成、插件式配置、多种授权方式安全控制、多类型数据交换、跨平台/跨语言通用客户端。专业软件接口程序可实现油气藏勘探开发专业软件与数字化油气藏研究与决策业务的集成应用，该程序的核心组成包括交互界面、集成框架、数据通信及数据服务 4 个核心模块。

（1）交互界面模块是数据库与专业软件的桥梁，通过定义专业软件所需的井位、层位、数据项、数据格式等信息，提供交互界面，对推送数据进行初步筛选，过滤冗余数据，将所需数据发送至专业软件。

（2）集成框架模块提供专业软件与数据库、交互界面间的业务处理、安全授权、数据传输、界面框架，包括 SDK/API 集成、OSP 桥接整合以及数据无缝对接等多种集成方式：

① SDK/API 集成：对于提供 SDK 开发包或者开放 API 接口的专业软件，直接按软件标准进行程序开发，实现 RDMS 平台与专业软件之间的集成应用。该类型软件接口有 Petrel 和 Jason 等。

② 厂商合作开发：对于国内具备二次开发能力的专业软件，直接与厂商进行合作开发，在专业软件内部集成 RDMS 应用，这些应用按照统一开放平台框架的接口标准进行开发，实现安全验证、数据读取、一键归档等功能。该类型软件接口有 Geoeast，Gxplorer，GeoMap，Forward，卡奔和 E&P 等。

③ OpenSprit 桥接整合：OpenSpirit 集成平台搭建起软件数据间的桥梁，整合了勘探、开发等领域不同专业软件的数据。通过 OpenSpirit 可以实现数据在数据库与应用软件、应用软件与应用软件之间的便捷访问、查询、搜索、格式转换、坐标转换和数据迁移等功能。但是，OpenSpirit 操作复杂，价格昂贵，不支持国内软件，因此不适合大面积推广应用。针对 OpenSpirit 已整合的国外大型软件，专业软件接口通过 OpenSpirit 实现专业软件之间的数据转换，利用公共的 OpenSpirit 数据模型对 RDMS 平台数据进行读取、修改和删除操作。应用 OpenSpirit 开发包开发 RDMS 适配器，实现 RDMS 与 GeoFrame、OpenWorks 数据库以及 GeoView 软件的数据整合。

应用数据通信模块来定义交互界面、数据服务以及专业软件之间的数据传递方式，数据往来主要通过 HTTP 协议以 Web Service 方式提供标准的接口，专业软件与软件接口同机部署时，数据通信使用内存共享技术，以提高数据响应效率，保障数据完整性和安全性，实现数据无缝对接。

数据服务模块通过在服务端的页面请求进行数据检索、筛选及预处理后，按照指定的格式反馈给专业软件。当服务端接收用户页面请求后，系统自动收集相关数据，对于结构化数据表自动提取所需字段，如井位、坐标、分层数据等；对于 WIS，CDP，SEGY 和 Excel 等格式非结构化、半结构化数据，系统自动读取文件、解析成结构化数据、抽取所需数据项，按照交互界面提供的参数，进行模式分析、公式计算、格式转换、预处理后反馈至交互界面，提供用户筛选、应用。

目前，经过系统设计、持续攻关，已完成 24 款专业软件接口程序的开发，见表 6.2。通过专业软件接口加载数据，只需在 RDMS 平台中选择专业软件、井号或地震测线名，专业软件所需的数据类型将自动推送到平台，点击"数据发送"按钮，接口将自动完成数据标准化整理和加载。

表 6.2　RDMS 专业软件接口开发情况统计表

序号	分类	软件名称	开发方式	实现效果
1	地质绘图	GeoMap	厂商合作开发	数据推送
2		石文	厂商合作开发	数据推送
3		石文(水平井)	厂商合作开发	数据推送
4		ResForm	厂商合作开发	数据推送
5		HoriView	厂商合作开发	数据推送
6		GeoWorks	厂商合作开发	数据推送
7		GPTMap	其他方式	打包下载
8	测井解释	Forward. NET	厂商合作开发	数据推送
9		GeoLog	其他方式	打包下载
10		Techlog	其他方式	打包下载
11	地质建模	Petrel	基于软件 SDK 或 API	数据推送
12	数值模拟	Eclipse	其他方式	打包下载
13	产能分析	F. A. S. T RTA	其他方式	打包下载
14		FracproPT	基于软件 SDK 或 API	数据推送
15	地球物理	GeoView	Opensprit 桥接	数据推送
16		Jason	Opensprit 桥接	数据推送
17		GeoFrame	Opensprit 桥接	数据推送
18		OpenWorks	Opensprit 桥接	数据推送
19		GeoEast	基于软件 SDK 或 API	数据推送
20		3DSeis	厂商合作开发	数据推送
21	其他	ArgGis	基于软件 SDK 或 API	Gis 展示
22		E&Pweb	厂商合作开发	数据推送
23		MRGis	厂商合作开发	数据推送

　　专业软件的数据加载及成果归档流程如图 6.2 所示。应用专业软件接口程序将业务人员从简而重复的劳动中解放出来，极大地提高了油气藏研究的工作效率与质量，在油气藏科研生产中发挥着越来越重要的作用，成为数字化油气藏研究平台不可或缺的组成部分。

6.2.3　一体化应用实例

　　GeoEast 是东方地球物理公司自主研发的地震数据处理与解释一体化软件，是中国石油首款具有自主知识产权的地震处理解释系统。目前，这款软件在中国石油系统内广泛应用，是长庆油田地震工作的主力支撑软件。

　　在专业软件应用中，专业软件接口的开发采用了模块化设计思路，易于集成和升级更新。在 RDMS 中，可以从协同研究环境和 CQGIS 中分别调用接口，提高数据、图形与软件

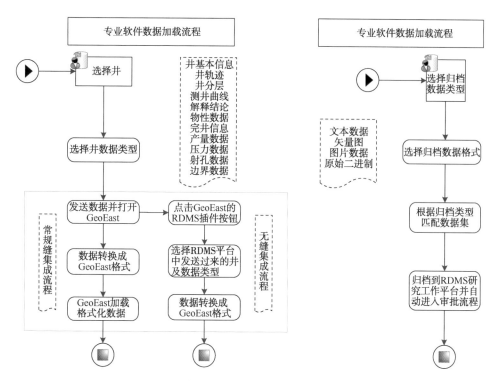

图 6.2 专业软件数据加载及成果归档流程

的关联度。下面以 GeoEast 软件为例,展示不同专业软件接口技术的应用。

当地震专业人员开展地震解释工作时,需要从磁盘阵列上找到地震数据体和 CDP 文件,再加载到 GeoEast 软件中。过去,地震解释人员需要在地震数据库中查找数据,按照数据库记录的存储路径,手工在磁盘阵列上查找数据,整理 CDP 文件格式,费时费力。现在,仅需要简单的几步操作,平台就将指定的地震测线体数据,推送到相应的解释软件中。为了便于用户工作,采用以 XXX001 地震测线为例,用户在协同研究环境输入测线名称,系统快速提取地震数据,同样在 GQGIS 客户端上,如图 6.3 所示,输入测线名称,系统便在地质图件上加载并定位测线,用户即可快速了解测线周边的地质构造背景情况;接着打开软件接口界面,选择专业软件 GeoEast,设置目标工作区、测网、坐标带等信息,系统就将该软件所需的测线导航数据准备好了,自动完成标准格式转换,点击发送按键,XXX001 测线数据体及相关内容就推送到指定工区中,进一步开展有效储层预测和含气性分析。简单的几步操作,便完成了数据加载工作。

查找地震测线　　　　　专业软件接口数据推送　　　　　专业软件地震解释

图 6.3 专业软件应用场景

6.3 油气藏分析工具

油气藏模型工具是在油气勘探开发过程中，对油气藏的形成、演化、开发、生产形成的规律性认识，反映油气藏属性之间的内在必然联系和变化趋势。通过梳理及总结油气藏中不同领域、不同专业的规律性认识，开发出系列模型分析工具，嵌入到油气藏协同研究的 RDMS 环境中，可以实现知识经验的固化、复用、传承，达到油气藏研究工作的标准化、模式化、流程化，它的最大优势是实现研究过程的智能化，减少人为干预。油气藏模型流与油气勘探开发数据流、业务流相关联，受地质条件的边界约束。模型流在线支持油气藏研究过程，模型流建设是实现"智慧油气藏"的重要途径，主要包含地质模式、公式算法、经验图版、试验参数、成果展示等几个方面。

6.3.1 研究工具分类

（1）地质模式。

地质模式包括盆地、区域、区带、油田、区块的构造、沉积、储层、成藏等形成、演化、发育模式等，如图 6.4 所示。

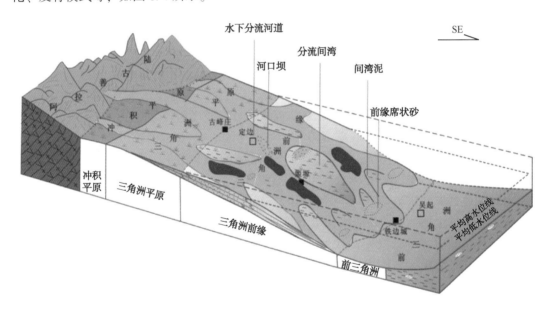

图 6.4　鄂尔多斯盆地中生界湖盆西北部长 8 浅水三角洲沉积模式图

（2）公式算法。

公式算法包括盆模、地震、测井、油藏工程、地质建模、数值模拟属性变量之间的逻辑关联、递推关系等，如图 6.5 所示。

（3）经验图版。

经验图版包括适应鄂尔多斯盆地低渗透油气藏特点的地震、地质、测井、油气田开发、提高采收率研究形成的各类分析、解释图版，如图 6.6 和图 6.7 所示。

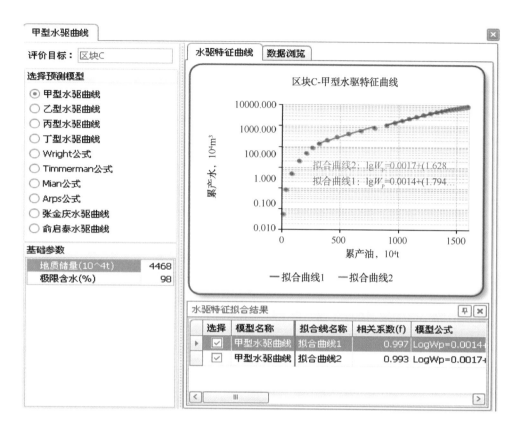

图6.5 水驱特征曲线

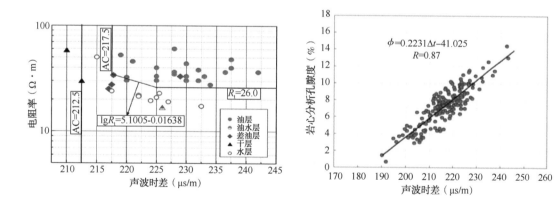

图6.6 声波时差与电阻率交会图　　图6.7 声波时差与分析孔隙度关系图

（4）参数标准。

针对储层、油气藏、产能评价等业务类型，要求建立的参数指标体系和分类界限，见表6.3。

表 6.3　长 6-8 储层综合分类评价表

分类 参数		I	II	III	IV	V
沉积微相		分流河道、水下分流河道、河口坝		水下分流河道、天然堤、决口扇远沙坝		浊积体、远沙坝
物性	渗透率(mD)	≥1.00	0.50~1.00	0.30~0.50	0.10~0.30	≤0.10
	孔隙度(%)	≥12.0	10.0~12.0	8.0~10.0	6.0~8.0	≤6.0
启动压力梯度(MPa/m)		≤0.05	0.20~0.50	0.20~0.50	0.50~1.00	≥1.00
主流喉道半径(μm)		≥2.0	1.5~2.0	10~1.5	0.5~1.5	≤0.5
填隙物含量(%)		≤8.0	8.0~12.0	12.0~14.0	14.0~16.0	≥16.0
孔隙组合		料间孔	粒间孔—溶孔	溶孔—微孔	溶孔—微孔	微孔
粒度(mm)		粗—中粒、细—中粒砂岩	中粒、细—中粒砂岩为主，并见细粒砂岩	以细粒为主，见中砂岩	以细粒、极细—细粒砂岩为主	细—粉砂岩
可动流体饱和度		>0.5	0.42~0.62		0.35~0.52	<0.4
水驱动(%)		≥40	30~40	20~30	10~20	≤10
存储系数		≥2.0	1.5~2.0	1.0~1.5	0.65~1.0	≤0.65
流动层指数		≥0.75	0.65~0.75	0.50~0.65	0.30~0.50	≤0.30
储层评价		优质储层	相对优质储层	较好储层	一般储层	差储层

（5）图形模板。

围绕专业研究成果图形、图件编绘，开发标准化模板，实现"数据+模板"快速成图，如图 6.8 所示。

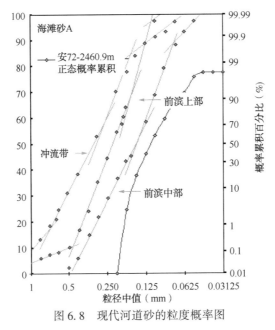

图 6.8　现代河道砂的粒度概率图

6.3.2 油气藏模型分析工具开发

面向测井解释、储量研究等不同业务领域，开发了储层特征类、测井评价、油气藏工程类等8大类68款不同类型的模型分析工具，辅助开展油气藏综合研究及交互分析，具体情况见表6.4。

表6.4 模型工具分类列表

类别	工具名称
储层特征类 （10个）	碎屑岩分类三角图、碳酸盐岩成分三角图、碳酸盐岩结构三角图、C—M 图、粒度概率曲线、初始孔隙度和渗透率恢复图解、物性统计直方图、毛细管压力曲线特征图、温压梯度图、物性分析折线图
测井评价类 （4个）	油气层解释符合率统计、有效厚度数据表自动生成、测井交会图版、WIS 数据解析
储量附表类 （石油）（14个）	层组划分数据表、高压物性数据表、地面原油分析数据表、地层水分析数据表、探井和评价井试油成果表、开发井试油成果表、分析化验工作量统计表、钻井基础数据表、钻井取心及岩心分析情况统计表、物性界限基础数据表、电性界限基础数据表、单井有效厚度测井解释成果表、岩心分析与测井解释孔隙度关系基础数据表、密闭取心饱和度分析基础数据表
储量附表类 （天然气）（15个）	层组划分数据表、天然气组分分析数据表、地层水分析数据表、试气成果数据表、试采（投产）数据表、勘探开发工作量统计表、分析化验工作量统计表、钻井基础数据表、钻井取心及岩心分析数据表、物性界限基础数据表、电性界限基础数据表、单井有效厚度测井解释成果表、岩心分析与测井解释孔隙度关系基础数据表、密闭取心饱和度分析基础数据表、天然气组分分析及偏差系数计算结果表
油藏工程分析类 （16个）	物性分析、注水分析、水驱图版、水驱分析、边界值计算、联解分析、预测模型、递减分析、采收率计算、地质储量计算、地层压力计算、井网密度计算、可采储量计算、开发指标计算、指数对比、开采现状图在线绘制
气藏工程分析类（2个）	单井数据导出、动储量计算
油气田开发类（2个）	钻井地质设计辅助工具、单井试采曲线
数据整理类（5个）	有效厚度数据表自动生成、物性和取心数据整理、提取分层综合数据、提取砂体数据表、WIS 文件查看器

储层特征类模型分析工具包括岩石类型划分、岩石沉积与成岩相划分、物性及初始物性恢复3大类共10个模型工具。

（1）岩石类型划分类。

岩石类型鉴定是油气藏研究的基础工作，可根据模式图鉴定其所属类型，此类模式图源于石油天然气行业标准。据样品点在模式图中的位置判断岩石类别，共有砂岩三角形分类模式图、碳酸盐岩结构三角形模式图、碳酸盐岩成分三角形模式图等。使用过程中，系统以鉴定数据为基础，自动计算三大端元组分，并以指定方式分类别绘制模式图，同时从图上自动识别出样品的所属类型，并实现模式图上样品点与样品记录间的交互，以辅助用户查找相关信息。

因研究目的不同，端元组分计算方案不尽相同，就石英端元组分而言，一般为石英和燧石组分之和，但从刚性组分的角度，则需加上石英岩的组分含量，见表6.5。系统中预设了这些不同类别的计算方案，同时用户可自由设置计算法。示例数据制作的模式图，如图6.9所示。

表 6.5　碎屑岩端元组分计算方案

端元组分	方案 a	方案 b
石英	石英+燧石	石英+燧石+石英岩
长石	长石类	长石类
火山岩岩屑	花岗岩+喷发岩+隐晶岩+火山碎屑+盆屑	花岗岩+喷发岩+隐晶岩+火山碎屑+盆屑
变质岩岩屑	高变岩+石英岩+片岩+ 千枚岩+板岩+变质砂岩	高变岩+片岩+千枚岩+ 板岩+变质砂岩
沉积岩岩屑	粉砂岩+泥岩+白云岩	粉砂岩+泥岩+白云岩
其他	云母+绿泥石	云母+绿泥石

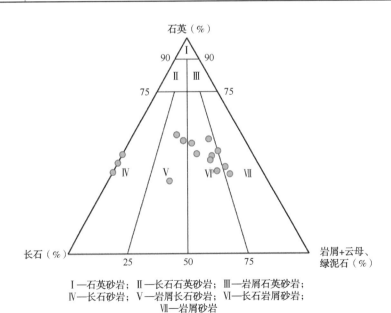

Ⅰ—石英砂岩；Ⅱ—长石石英砂岩；Ⅲ—岩屑石英砂岩；
Ⅳ—长石砂岩；Ⅴ—岩屑长石砂岩；Ⅵ—长石岩屑砂岩；
Ⅶ—岩屑砂岩

图 6.9　砂岩的三角形分类模式图

（2）岩石沉积与成岩相划分类。

根据砂岩粒度分布特征推测其沉积、成岩环境具有重要意义，推测过程使用多个模式图。包括判识沉积环境的两类 C—M 图和用于判别成岩相的一系列的粒度概率曲线模式图等。

C—M 图是应用每个样品的 C 值和 M 值绘成的图形，由帕塞加（Passege）提出，帕塞加将搬运沉积物的底流分为重力流和牵引流两种，用于判断储层水动力环境。示例数据绘制出的牵引流沉积 C—M 模式图如图 6.10 所示。

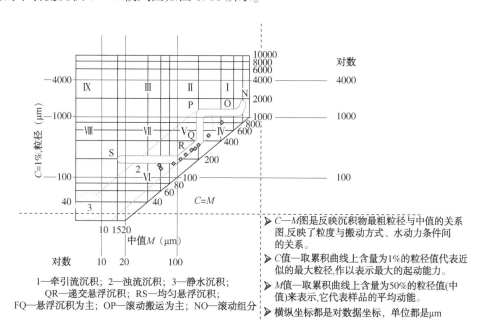

> C—M 图是反映沉积物最粗粒径与中值的关系图，反映了粒度与搬动方式、水动力条件间的关系。
> C 值—取累积曲线上含量为1%的粒径值代表近似的最大粒径，作以表示最大的起动能力。
> M 值—取累积曲线上含量为50%的粒径值（中值）来表示，它代表样品的平均动能。
> 横纵坐标都是对数坐标，单位都是μm

1—牵引流沉积；2—浊流沉积；3—静水沉积；
QR—递交悬浮沉积；RS—均匀悬浮沉积；
FQ—悬浮沉积为主；OP—滚动搬运为主；NO—滚动组分

图 6.10　牵引流沉积 C—M 模式图

（3）物性及初始物性恢复类。

物性及初始物性的研究是储集性能的关键性内容，此类模式图用于研究储层的初始孔隙度（孔）、渗透率（渗）特征，孔渗的相互关系及孔喉的大小与孔喉连通性等储层物理性质相关的内容。包括孔渗关系模式图、压汞曲线，Sneider 模式图（初始孔渗恢复）三类。其中孔渗关系模式图限定了值域范围的半对数坐标的散点图，为辅助决策系统自动计算出了孔渗的相关系数。

系统中压汞模式图，源于行业标准，以压汞数据为基础，绘制压汞及退汞曲线，通过识图判断出孔喉的连通性、排驱压力、孔喉半径等 16 个相关参数。其中排驱压力是从模式图上读取的关键性参数，用于计算最大喉道半径。油气藏研究者视觉识别其方法有两种：①拐点法，压汞曲线上拐点处对应的毛细管压力；② 平台法，平坦部分切线与纵轴交点处的毛细管压力；RDMS 模拟出这种方法，可根据用户指定的判别界定参数，自动判读出该值。示例数据绘制的进汞与退汞曲线，如图 6.11 所示。

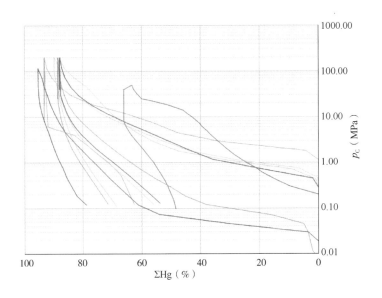

图 6.11   压汞曲线模式图

6.4   数据定制与共享服务

数据定制体现在数据查询和数据下载两个方面。数据查询定制对应的功能为常用数据集和重点关注井。常用数据集实现的是横向的数据定制，用户可以将日常工作中经常用到的数据类型(如测井体数据、测井蓝图等)添加至常用数据集，这样就可以实现基于某一类数据的快速检索；重点关注井功能是基于井的纵向数据的定制，该功能可以将用户重点关注的井进行汇总，用户可以方便地查看这些井相关的所有资料，同时，也可以方便地统计出所关注的井的资料分布情况，该部分有添加、查看和取消关注三个功能。数据下载的定制是通过数据订单方式实现的，RDMS 协同研究平台为用户提供了方便的数据查询功能。同时，也做了严格的权限控制，对于查询到的数据，如果用户没有查看或下载权限，可以通过数据订单的方式进行申请，结合数据加密技术，实现数据的安全下载。

6.4.1   数据通用查询

平台提供了以井号为索引的全空间检索和以数据集索引定向查询两种数据获取方式，如图 6.12 所示。单井查询能够实现对指定油田、区块、井别、所属单位、年份以及井号等多条件的联合查询，并对查询结果对应的资料有无进行直观的展示，如果查询结果中显示有数据，可点击在线查看，数据在线查看分为结构化数据、文件类和其他类。结构化数据的查看是通过调用 Silverlight 自带的 C1DataGrid 控件实现的；针对文档类(如 Word 文档、PPT、Excel 等)，通过 FileViewer 通用控件，该控件对原始文件在后台进行转换，从而实现在线查看；对测井体数据、矢量化录井图等特殊类型数据，则需通过定制开发的专业查看工具进行查看。

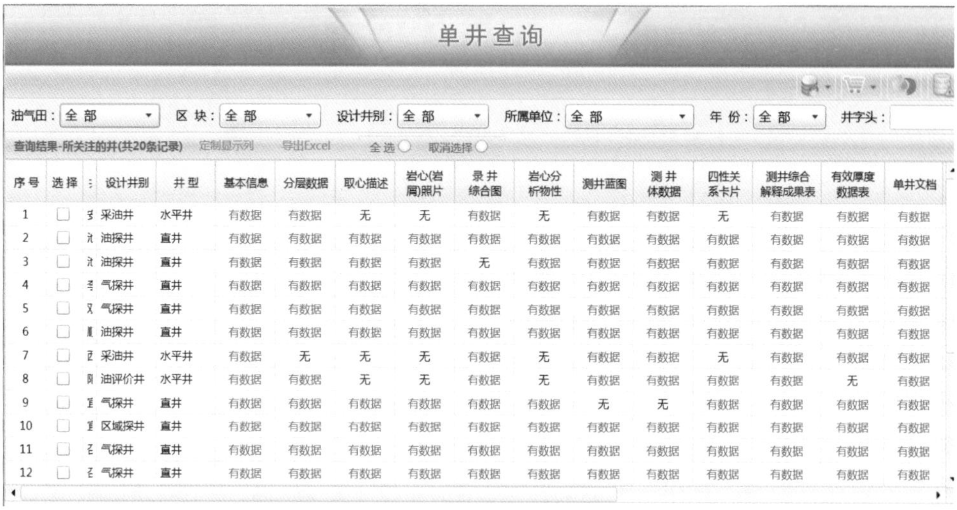

序号	选择	设计井别	井型	基本信息	分层数据	取心描述	岩心(岩屑)照片	录井综合图	岩心分析物性	测井蓝图	测井体数据	四性关系卡片	测井综合解释成果表	有效厚度数据表	单井文档
1	☐	采油井	水平井	有数据	有数据	无	无	有数据	无	有数据	有数据	无	有数据	有数据	有数据
2	☐	油探井	直井	有数据	有数据	有数据	有数据	有数据	有数据	有数据	有数据	有数据	有数据	有数据	有数据
3	☐	油探井	直井	有数据	有数据	有数据	有数据	无	有数据	有数据	有数据	有数据	有数据	有数据	有数据
4	☐	气探井	直井	有数据	有数据	有数据	有数据	有数据	有数据	有数据	有数据	有数据	有数据	有数据	有数据
5	☐	气探井	直井	有数据	有数据	有数据	有数据	有数据	有数据	有数据	有数据	有数据	有数据	有数据	有数据
6	☐	油探井	直井	有数据	有数据	有数据	有数据	有数据	有数据	有数据	有数据	有数据	有数据	有数据	有数据
7	☐	采油井	水平井	有数据	无	无	无	有数据	无	有数据	有数据	无	有数据	有数据	有数据
8	☐	油评价井	水平井	有数据	有数据	无	无	有数据	无	有数据	有数据	有数据	有数据	无	有数据
9	☐	气探井	直井	有数据	有数据	有数据	有数据	有数据	有数据	无	无	有数据	有数据	有数据	有数据
10	☐	区域探井	直井	有数据	有数据	有数据	有数据	有数据	有数据	有数据	有数据	有数据	有数据	有数据	有数据
11	☐	气探井	直井	有数据	有数据	有数据	有数据	有数据	有数据	有数据	有数据	有数据	有数据	有数据	有数据
12	☐	气探井	直井	有数据	有数据	有数据	有数据	有数据	有数据	有数据	有数据	有数据	有数据	有数据	有数据

图 6.12　数据查询界面

数据集查询适用于用户需要精确查找某一类数据时使用，如用户需要查找测井蓝图、钻井日报或者地质图件等，查询条件可以根据需求进行灵活定制。

数据查询实现了全方位、细粒度的权限控制，包括查询权限、查看权限以及下载权限，通过权限控制，能够从源头上对数据的安全和保密提供有力保障。

通过建立结果模型和索引表并定时更新，能满足用户对海量数据检索的时效性要求，使用户在最短的时间内找到需要的数据。

6.4.2　个人工作室

个人工作室是为了满足用户个性化定制而设计的，个人工作室的功能主要包含以下几个方面：

（1）通用查询功能。该功能是集成了平台的单井查询与数据集查询功能。

（2）创建科研项目并实现基于项目的数据查询。在创建科研项目时，用户可以选择项目用到的数据类型以及与项目相关的井，同时，支持这些数据的动态配置。通过该功能，可以方便地针对科研项目进行数据的快速、准确地定位和查询。

（3）定制模型分析工具与软件接口。在协同研究平台中，共实现地质绘图、地球物理、油藏描述等 6 大类共 24 款主流专业软件接口，提供储层特征类、测井评价类、油藏工程类等 68 款不同类型的模型分析工具。这些工具和接口涵盖的专业多、领域大，通过个人工作室，能够实现基于岗位的灵活定制。

6.4.3　数据下载服务

为了满足用户对于数据的下载需求，平台提供了数据下载服务，对需要下载的数据，用户需要以订单的方式提出申请，通过线上提交、线下审批的机制，最大限度简化审批的流程，为用户方便快捷的获取数据提供方便。数据定制功能图如图 6.13 所示。

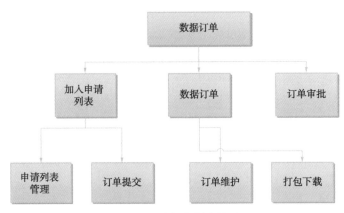

图 6.13　数据定制功能图

数据定制服务包含申请列表、数据订单和订单审批三部分。

（1）申请列表用来记录用户需要的数据（类似于网上购物时购物车的功能），用户可以将申请列表中确定要申请的数据以订单的方式提交，系统会自动生成一个订单。

（2）在数据订单部分，用户需进行打印审批单、线下完成审批流程、上传审批单等操作，待系统管理员确认审批单之后，用户可将订单中包含的内容打包进行下载。同时，系统还提供查看订单状态以及删除订单。

（3）订单审批功能只有系统管理员能够看到，当用户上传审批单后，订单管理员经过查看审批单确定是否审批通过，如果审批未通过，用户需重新提交审批单。数据订单审批流程如图 6.14 所示。

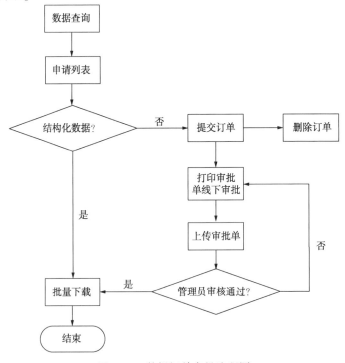

图 6.14　数据订单审批流程图

第7章 油气藏场景式决策分析

RDMS 系统在数据整合、空间智能分析、软件接口、数据可视化等关键技术突破的基础上，根据勘探开发业务主题，定制了井位部署论证、远程监控、动态分析、储量管理、矿权管理、经济评价、油藏动态建模等 16 个场景化决策分析环境，按照标准化工作流的运行模式，支撑勘探开发井位部署论证、远程作业实时监控、油气藏动态分析与方案优化等业务场景。

7.1 井位部署论证

井位部署论证是一项复杂而繁琐的工作，主要是利用已有钻井、试油试采、分析化验等各类动静态资料，结合地震资料，落实目标区构造、储层、油水分布特征和产能，对新井部署的可行性进行研究论证。

7.1.1 多图联动布井

针对探评井部署，系统应用视域同步、多图窗体通信、井位联动等技术，实现了在多层系、多类型地质图件上联动布井。如图 7.1 所示，在砂体图上部署的一口意向井，可以在砂体等厚图、油层厚度图、孔隙度等值线图等多类型、多层系地质图件上同步显示，同时，结合地形图、遥感卫星影像图，在线查看部署井的地理位置和地貌特征，从而做到井位部署地面、地下兼顾，室内地质研究与室外现场地理地貌综合分析，提高了井位部署的针对性和有效性。

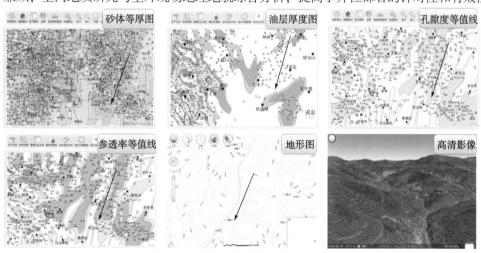

图 7.1 多图件在线联动部署意向井

针对油气开发的井网部署要求，系统集成了直井、水平井、混合井网部署方法，包括直井的菱形反九点法、矩形井网、正方形井网，混合井网的五点法、七点法、九点法等，研究人员在选定的布井区域通过设置井距、方位角、井网类型等参数，可快速计算、实时展现目标区内油水井分布情况，导出部署井网坐标，为产能建设井位部署提供支持，如图7.2所示。

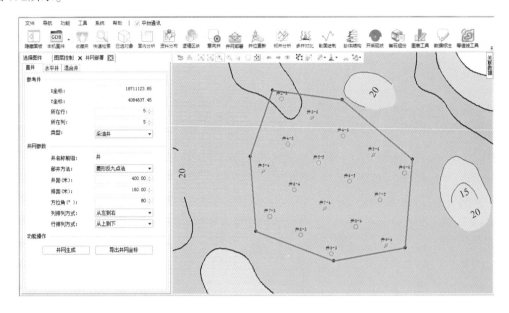

图7.2　开发井网部署

7.1.2　邻井分析

为进一步分析论证意向井的合理性，通过邻井分析功能，在平面图上以意向井为中心设置一定范围，应用缓冲分析、空间统计等算法快速统计出该意向井周边指定范围内探评井、开发井分布情况，在线实时查看、快速调用邻井各项基础信息、研究成果及现场钻井、试油(气)实时动态数据，为意向井井位部署论证提供决策依据，解决了传统井位论证中资料准备不全面、携带资料查找不便等问题。针对油气藏中邻近井位的资料分析，几个常用的关联数据如下：

(1) 测井蓝图。

通过测井蓝图的数据，可以分析井所在位置的砂体储层、含油性等地质信息。在井位论证过程中，通过 Fileviewer 的缩略图查看方式可实现测井综合图、标准图、固井图等之间的快速切换，同时，测井蓝图支持层位、岩心照片、压汞、试油气等资料的纵向关联，极大提高了应用的便捷性，如图7.3所示。

(2) 四性关系卡片。

四性关系卡片以 PPT 的形式展示了研究人员对单井部署、钻井、测井、试油等各阶段的研究成果。系统在线展示四性关系卡片，并可按照层位关联岩心照片、铸体薄片和扫描电镜等资料，如图7.4所示。

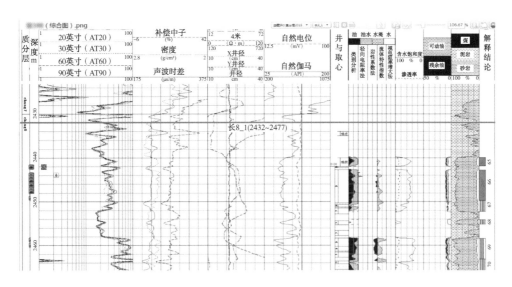

图 7.3　测井蓝图浏览

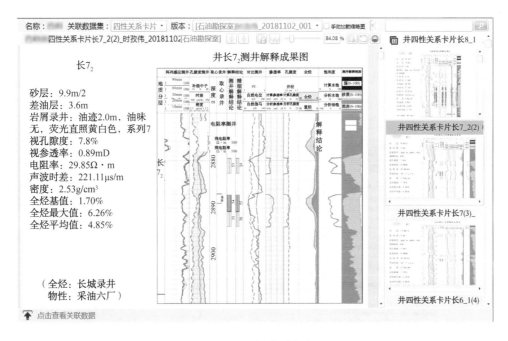

图 7.4　四性关系卡片

（3）单井综合柱状图。

以单井三维岩心扫描图像为基础，整合录井、测井、铸体薄片、扫描电镜等相关数据，以岩心综合柱状图的方式集成展现，直观反映地层的岩石学特征，同时通过调用油气藏研究储层特征工具，自动统计薄片鉴定数据，快速生成岩矿分类三角图，如图 7.5 所示。

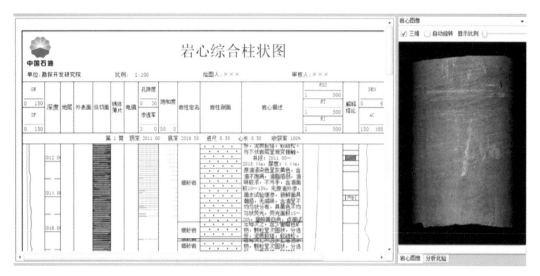

图 7.5　单井综合柱状图

7.1.3　砂体及油层分析

　　为进一步确定部署井的砂体厚度、含油气性，在邻井分析的基础上，系统自动获取意向井周边指定范围内的地震测线，实时将井位投影在叠加、反演及属性等地震剖面上进行展示，通过"平剖联动"技术实现意向井在地质图件与地震剖面同步联动分析，如图 7.6 所示。

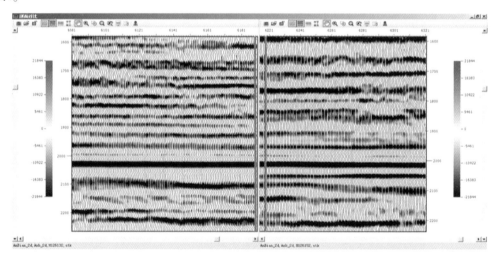

图 7.6　过井测线分析

　　通过在地质图件上选择邻井后，系统自动推送成图所需的邻井基本信息、分层数据、测井体数据、砂层数据，可一键式自动生成油气藏剖面图、地层、小层对比图、油层对比图、电性插值图及栅状图(图 7.7)，进一步确定油层、储层连通情况，为井位部署论证和试油方案讨论提供地质和油藏依据。

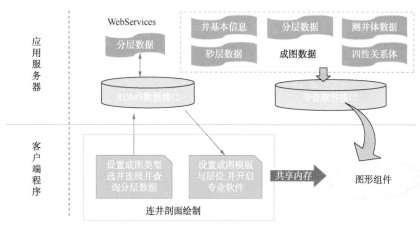

图 7.7　连井剖面绘制技术思路

7.1.4　随钻分析

井位部署下发后正式进入钻、录、测、试等现场实施阶段，研究人员根据生产建设实时链路获取现场各类生产数据，实时跟踪产建动态。

（1）生产报表自动生成。按照油田勘探生产和产能建设的生产组织、运行管理工作流程，以作业链的方式，从现场项目组数据源头采集井基本信息、钻井、录井、测井、试油（气）等动静态数据，自动汇总生成钻井实施进展、试油进展、试油成果、钻前周报、钻井日报、试油（气）日报、产建周报等 19 类 111 张生产报表，支撑项目组、业务管理部门和研究单位进行勘探开发生产管理、随钻分析和效果跟踪，改变了传统邮件上报、手工汇总报表的工作方式，提高了工作效率与准确性。

（2）标准化工作流。基于油田勘探生产和产能建设动态分析工作模式，按照项目、区块、单井随钻分析流程，建立标准化的动态分析工作流，实现基于可视化分析流程的资料订单式快捷获取和集成化展现，如图 7.8 所示。研究人员通过工作流，在线获取钻探过程中物

图 7.8　标准化动态分析工作流

探、钻井、录井、测井、试油等各个环节不同维度的资料，对比部署情况及有关措施的实施效果，预测油藏、含油面积、含油富集区、含油砂带等信息，指导下一步的勘探开发部署。

7.2 生产作业远程监控

为了把油气田生产现场的数据及时传递到科研人员手上，RDMS 开发了水平井监控与导向、测井实时传输和压裂监控三大远程监控子系统，实时传输地质工程资料，指导现场施工的快速决策。

7.2.1 测井实时传输

测井实时传输系统利用卫星、4G 技术将现场测井数据实时传输到测井数据库，搭建起项目组、测井队、解释中心和应用单位之间数据传输通道，实现了井场资料自动采集传输、快速分析处理与综合应用的一体化模式，提高了测井资料的采集质量和效率。主要包括以下功能：

（1）井场信息自动采集与实时传输。将仪器实时采集数据转换成标准格式后，加密、压缩成文件形式传回数据中心，使数据中心几乎与现场在同一时间内获得详尽的数据和信息。

（2）测井过程实时监控。对测井小队现场实时采集数据进行可视化显示，包括测井曲线数据实时滚动显示以及语音、视频等信息，如图 7.9 所示。

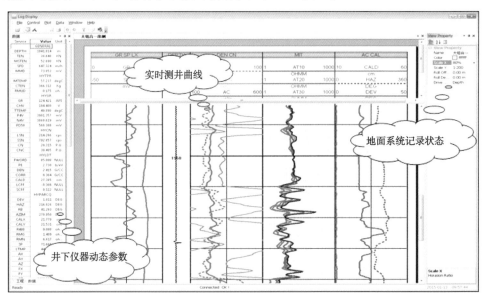

图 7.9　测井实时监控图

（3）测井作业链技术开发。传输数据的质量控制采用测井作业链的方式进行管理，根据测井主要业务流将其分成 10 个节点，对关键的生产作业信息和数据进行控制。测井作业链反映了岗位产生数据、数据支持业务以及业务、数据、岗位三位一体的特点，实现测井服务公司和油气公司的测井一体化协同工作模式，提高了数据的流转速度，使得数据入库实时化、规范化，测井成果应用更加及时。

（4）测井环节质量动态管理。以油田项目组和测井作业项目部为基本管理单元，在线获取当前时段测井从预告到解释成果提交的各种分类测井状态信息和测井作业动态信息全景图，实现对采集作业、资料验收、处理解释、油田成果应用的全过程质量监控。

（5）集成专业软件与常用工具。应用软件接口技术，实现数据库数据与专业软件之间的数据推送服务，如 Forward.net 软件接口针对 WIS 数据进行解析，将各种元数据进行格式转换，并添加到 WIS 数据中，推送到软件工区。另外通过在线解析 WIS 数据体的方式，开发了有效厚度数据提取工具、解释符合率统计工具、储量研究基础数据提取等模型工具，辅助研究人员完成科研基础数据的收集和整理，为科研人员定制了专业化的工作环境。

（6）风险预警功能。通过测井评价提示 4 类风险信息，产建地质人员根据发布的风险提示信息及时调整井位部署，规避建产风险区。

7.2.2　水平井监控与导向

通过实时传输井场随钻录井、测井及钻井工程数据，远程监控油田水平井钻进情况，跟踪分析油气层变化，及时开展地质导向，调整实钻井眼轨迹。包括水平井地质设计、随钻数据采集与传输、多井实时监控、随钻地质导向、手机短信预警等功能。

（1）水平井地质设计。依托专业软件接口技术，通过集成的水平井地质设计软件，在线进行快速地质建模及水平井设计轨迹、靶点自动计算。如图 7.10 所示，系统可在后台数据库提取邻井的坐标、分层、测井等数据，自动推送至专业软件，快速生成油藏剖面图，通过设置相应的设计模式，软件就可自动计算出靶点坐标及井轨迹数据，并将其一键式归档到水平井监控界面，实现了水平井设计与监控的一体化管理。

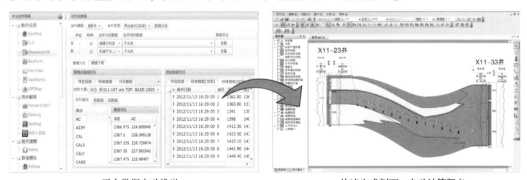

平台数据自动推送　　　　快速生成剖面、自动计算靶点

图 7.10　水平井地质设计数据流转示意图

（2）随钻数据采集与传输。前端采集数据类型包括从仪器自动采集的随钻伽马、钻时、气测等实时数据及常规录井岩屑描述等手工整理数据，采集软件通过实时监听 MWD/LWD、综合录井仪广播接口或仪器数据库，动态获取仪器钻、录、测等各项实时数据，并按照 wits 标准进行数据处理，形成 wits 格式标准数据，进行实时远程不间断传输。前端采集软件可识别并支持数据传输的仪器包括斯伦贝谢、贝克休斯、哈里伯顿系列及国内开发

的主流产品 LWD/MWD、综合录井仪共 40 款。

（3）多井实时监控。主要基于 WPF 的图形绘制、编辑算法，采用 WPF 图形控件的 RIA 技术，实现了在 web 浏览器下集成展示随钻伽马、钻时、气测等各类实时曲线，三维井轨迹、钻机数字仪表盘等参数。地质、工程技术人员在油田内部网络环境下，可随时随地通过个人计算机或监控室大屏幕显示系统，实时监控正钻井运行动态，综合分析数字仪表盘、井轨迹参数及录井显示情况，指导现场施工作业（图 7.11）。

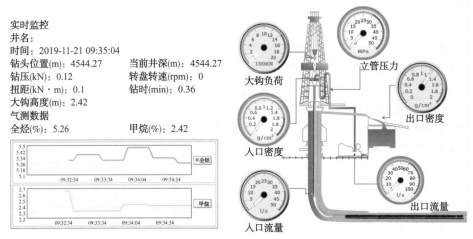

图 7.11　工程参数在线监控界面

（4）随钻地质导向。通过实时接收井场回传钻井、录井、MWD/LWD 各类数据，动态叠加到地质模型中，自动生成标准的地质导向图（图 7.12），将地质与工程信息集成展现，直观地显示实钻井眼轨迹在地层中的钻遇情况，以及实钻井轨迹与设计井轨迹的相对位置及钻遇靶点的情况。并提供了岩性判识、油气层自动解释、油层钻遇率统计、地层模型修正等辅助分析工具，支撑科研人员对不确定性情况进行分析，对各项数据是否相互吻合进行判别。

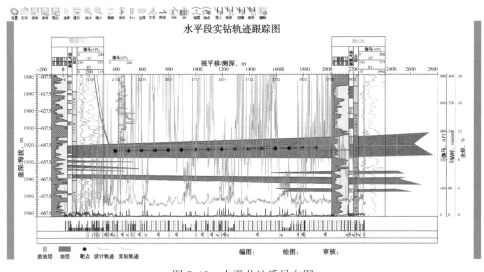

图 7.12　水平井地质导向图

另外，水平井监控与导向系统与地震数据库连接，能够将井场传输的随钻伽马及井轨迹数据投影到地震数据体上，随钻技术人员依据导向模型预测的结果，结合二维地震剖面及三维地震体数据预测深度变化情况，在地质导向平台上通过地质、钻井、录井等随钻数据进行综合分析，制定出井轨迹目标靶点，如图 7.13 所示。

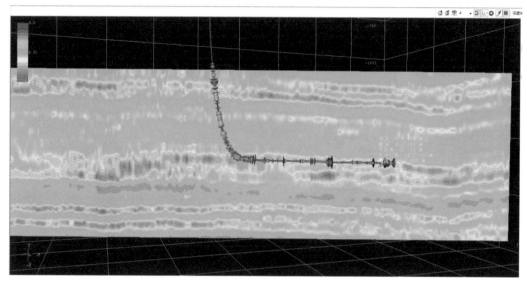

图 7.13　地震导向图

7.2.3　压裂实时监控

将井场压裂曲线、微地震裂缝监测、压缩后的音频、视频等数据实时传送平台服务器中，压裂专家通过系统查看压裂曲线图、裂缝形态图和实时对比图等，对压裂过程进行远程指导和方案调优。系统包含以下功能：

（1）现场采集传输客户端。能够实时获取并解析现场曲线和裂缝监测数据文件，利用通信网络发送至服务器中，支持断点续传。目前支持 FracproPt、四机赛瓦、四川金长城 3 种压裂曲线采集软件和斯伦贝谢、哈里伯顿、东方物探 3 种裂缝监测软件。

（2）压裂曲线远程展示。压裂曲线是油气井压裂过程中油套管压力、排量及携砂浓度等压裂参数随压裂时间变化而变化的图形化表征。系统可实时解析仪表车采集系统生成的压裂曲线数据、工况图片和数据文件，还可进行远程压裂施工的工况展示和统计分析，支持单井曲线和多井曲线两种展示方式。同时，曲线上的数据可推送到 FracproPt 专业软件中进行实时展示。

（3）压裂裂缝三维展示。通过建立与钻井数据、伽马测井数据等专业数据库的关联关系，将压裂井的井眼轨迹数据、伽马测井数据和裂缝监测数据利用三维图形技术在统一的三维坐标系中实时展示裂缝形态，实现裂缝扩展形态的可视化功能。技术人员通过操作鼠标，就能够实现裂缝形态图形的多角度监测，如图 7.14 所示。

（4）压裂模型计算。为提高油气田压裂成功率，增加油井产量，压裂前必须解决以下几个方面的问题：水力裂缝方位、延伸状况，泥岩能否控制缝高的扩展，如何修正裂缝扩展模型参数以符合地层实际从而指导水力压裂，岩石力学参数对缝高的影响程度如何，压裂时缝长、缝宽以及铺砂厚度的选择原则，压裂后油井产量和经济效益如何等。系统开发 PKN 和 KGD 两种二维裂缝扩展模型计算工具，通过输入相应参数动态计算净压力、二维裂缝形态等结果，实现对压裂效果的初步分析，如图 7.15 所示。

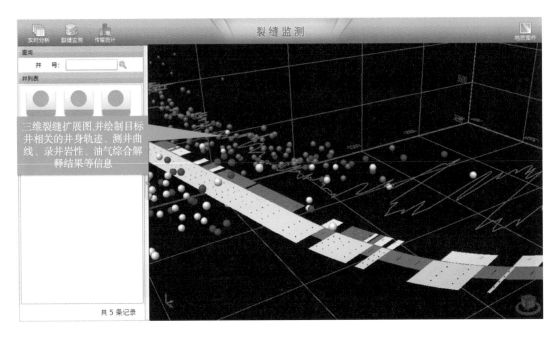

图 7.14　压裂施工实时曲线和压裂裂缝三维展示图

图 7.15　压裂模型计算及效果预测图

（5）压裂实时对比分析。技术人员在压裂优化方案设计阶段，利用建模和专业分析软件，模拟出压裂施工过程的井口（底）压力、净压力、裂缝缝长和缝高等二维曲线和参数。但在实际的施工过程中，压裂技术人员无法实时将模拟的压力、缝长、缝高曲线与实际压裂中对应的曲线进行对比分析，只能做压后分析。针对该问题，系统将实时回传的曲线数据进行转换，与设计阶段的模拟曲线进行拟合，技术人员在办公室就可对压裂过程进行实时对比分析，从而提高压裂优化方案的调优能力，提升压裂技术专家的实时决策能力。

7.3 油气藏动态分析

油气藏动态分析是在大量可靠资料的基础上，运用多学科知识和技术，综合分析已投产油气藏的动态变化规律，寻找各类动静态参数之间的关系，提出油气田开发的总体规划和调整措施，并根据动态参数的变化特点修正方案，使油气藏达到较高的最终采收率和较高的开发水平，从而取得较好的经济效益。RDMS 围绕油气藏动态分析开发了油田生产、气田生产、水源井、储气库、提高采收率等 5 个决策主题。以油田生产管理为例，对油气藏的动态分析相关场景进行介绍。

7.3.1 油藏跟踪分析

系统可以自动生成油（水）井开井数、日注量、动液面、日产液（油）水平、单井日产液（油）能力、含水率等 20 余项重要参数曲线，提供递减率、含水上升率、压力保持水平、油水井利用率等开发指标计算功能，以图表方式直观反映油藏开采过程中不同时间段的动态变化特征，辅助科研人员进行注采对应关系与油藏变化规律研究。图 7.16 和图 7.17 显示了开采指标曲线自动绘制和开发指标查询情况。

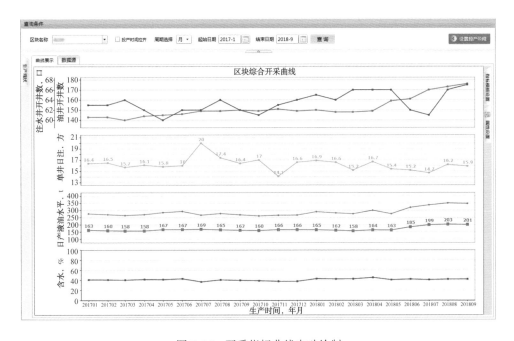

图 7.16　开采指标曲线自动绘制

按照低渗透油藏分类方法与分级评价标准，RDMS 提供了油藏综合评价功能，通过自动提取产量、含水等动态数据与采油单位定期上报评价指标相结合的方式，快速进行油藏分类与开发水平分级，并生成各类统计图表，跟踪对比油藏开发效果，辅助制定油藏稳产技术政策。开发水平分级跟踪对比情况如图 7.18 所示。

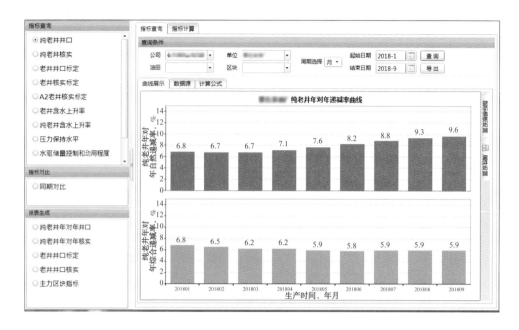

图 7.17　开发指标自动查询

图 7.18　开发水平分级跟踪对比

此外，科研人员还可以基于平面地质图件快速绘制该油藏的开采现状图和开发效果等值线图，直观地判断出单井产量、含水、注水量等生产指标的变化情况。某油藏的开采现状图和日产油能力等值线图如图 7.19 和图 7.20 所示。

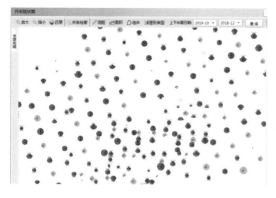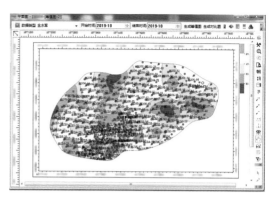

图 7.19　开采指标现状图　　　　　　　　图 7.20　日产油能力等值线图

7.3.2　稳产增油措施选井

任何油藏开发到中后期，必然要对油藏制订相应的开发技术政策，采取必要的开发调整措施，延缓产量递减，减缓含水上升率，实现油田控水稳油，最大限度的挖潜地下剩余油，从而延长油田的稳产期。措施选井需要综合考虑地质因素和油水井状况，对注水开发油田中后期措施进行优化配置，使油田开发达到合理运行。

以单井动态分析为例，系统提供阶段产油能力与产油水平对比功能，科研人员可以及时发现产量波动较大的油气井，对其进行重点分析。通过在线绘制该井所属油藏的开采现状图，对比邻井生产动态，初步判断减产原因，同时，在线调用测井体数据，快速绘制邻井矢量化测井图，开展多井对比分析，提出增产措施，如图 7.21 所示。

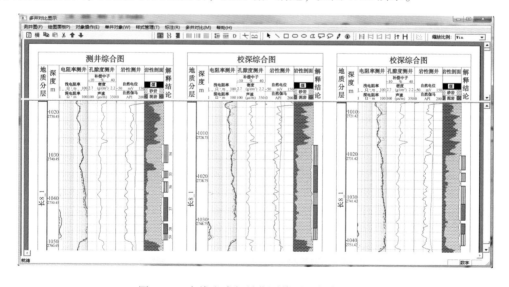

图 7.21　在线生成矢量化测井图进行多井对比

通过绘制注采井组栅状图和油藏剖面图，分析注采对应关系与地层连通性，为措施方案制订提供依据。栅状图绘制情况如图 7.22 所示。

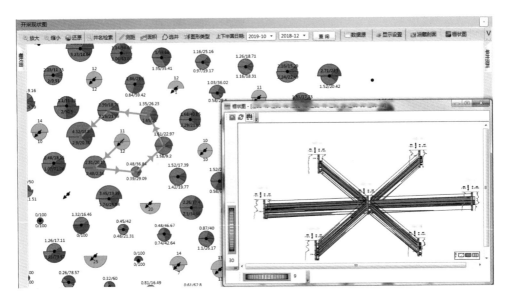

图 7.22　快速绘制栅状图

7.3.3　开发效果评价

系统集成了上百种油藏工程算法，用于辅助评价开发效果，预测油藏开发趋势。以高 52 油藏为例，水驱曲线和预测模型联解分析采用甲型、乙型和丙型水驱曲线分析与广义翁氏预测模型和哈伯特预测模型组合成 6 种联解方法，通过曲线拟合，从而预测得出油气田、区块的产油量、产液量、产水量与生产时间的数据。如甲型水驱曲线与广义翁氏预测模型联解方法，首先在生产时间 t 和产油量 Q 半对数关系曲线上进行线性拟合，找出 $\lg(Q/t^b)$ 与 t 之间的关系函数，从而确定指数上的系数 b 的值，如图 7.23 所示。

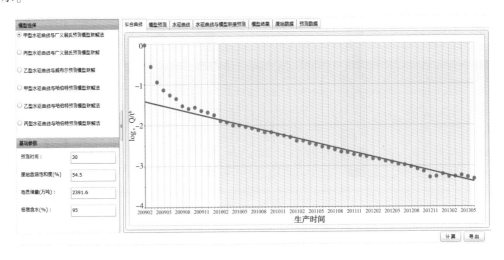

图 7.23　水驱曲线与预测模型联解法

接着进行广义翁氏预测模型分析，利用生产时间与产油量及累产量之间关系曲线来预测最终可采储量 N_p 及最终采收率 η，如图 7.24 所示。

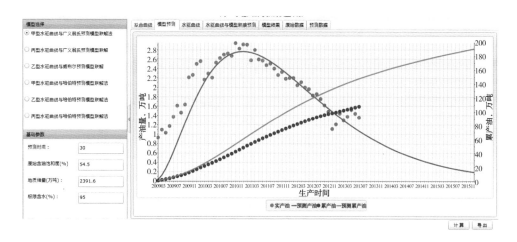

图 7.24 广义翁氏预测模型

其次利用甲型水驱曲线模型进行数据拟合，找出累产油 N_p 与累注水 N_w 函数之间的关系，当含水率达到极限值(95%或98%)时，预测出最终可采储量 N_p 和最终采收率 η，如图 7.25 所示。

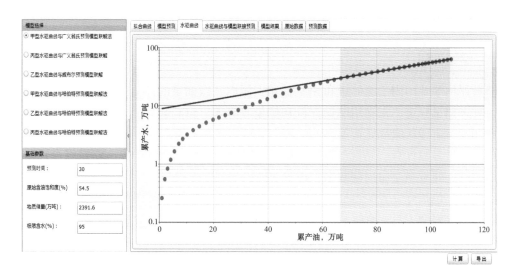

图 7.25 甲型水驱曲线模型

在该应用中，甲型水驱曲线仅研究累的产油 N_p 与累产水 N_w 之间关系，而广义翁氏预测模型只能分析生产时间 t 与产油量 Q 关系，当结合两种方法分析后，可以预测累产油 N_p、累产水 N_w、累产液 N_l 和综合含水率 f_w 与生产时间 t 之间的关系数据，这些预测数据可以用来辅助产能规划设计及方案设计。考虑两种方法的综合预测曲线如图 7.26 所示。

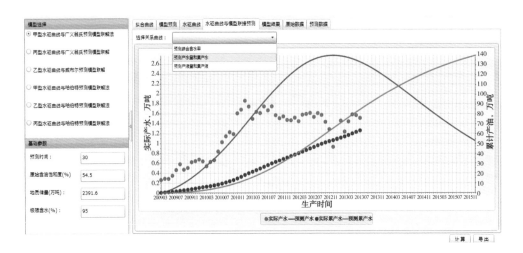

图 7.26　综合预测曲线

7.4　储量评估与管理

油气储量是油田的核心资产，从圈闭预探、油气藏评价、产能建设到油气生产，储量计算工作贯穿勘探、开发全过程。围绕长庆油田储量业务现状，RDMS 开发了储量评估和储量管理两个模块。

7.4.1　储量评估

储量评估涉及国内三级储量和 SEC 储量，国内三级储量的评估工作包括新增油气三级储量、可采储量标定、未动用储量评价和储量复算等；SEC 储量评估包括扩边与新发现、PUD 储量更新和 PD 储量更新等。

（1）储量参数计算。储量参数计算包括储层研究、可采储量计算、储量综合评价、附表辅助编制、储量全生命周期数据管理等功能。

储层研究包括开发岩矿组分三角图版、毛细管压力曲线分类图版、物性参数统计、岩矿统计分析等模型工具，直接从底层专业库提取砂岩薄片鉴定及分析化验等数据，自动统计分析研究区碎屑物成分、填隙物成分、孔隙类型分布情况、孔喉结构、孔渗分布等储层特征，研究成果以图片或 Excel 文件等形式体现。

地质储量计算采用比较常用的容积法，结合之前标定储量参数进行地质储量计算，如图 7.27 所示，同时按照储量计算报表规范，自动输出储量计算结果汇总表。

可采储量计算提供了 10 种常用的经验公式法，包括陈元千法、万吉业法、俞启泰法、井网密度法、低渗透砂岩油藏法、碳酸盐岩油藏法、底水石灰岩油藏法、砾石油藏法、溶解气驱油藏法，同时也提供了采收率类比法，将目前长庆油田各类型成熟油田相关参数及采收率结果进行统一管理，供新增储量计算进行采收率类比分析。

储量综合评价用于完成新增地质储量、技术可采、经济可采储量计算后，结合国家储

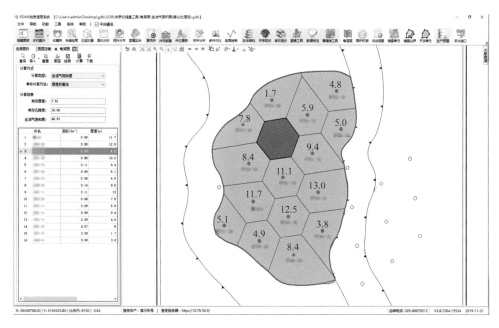

图 7.27　容积法储量智能评估

量计算规范，对储量进行定性评估，从储量规模、储量丰度、千米井深产能、储层孔隙度、渗透率等方面进行评价，得到储量的各项定性参数分类。

附表辅助编制按照国家储量申报附表编制规范，自动生成层组划分数据表、高压物性数据表、钻井取心及岩心分析数据表、岩心分析与测井解释孔隙度关系基础数据表等 15 张石油储量附表，以及天然气组分分析数据表、地层水分析数据表、试采（投产）数据表、勘探开发工作量统计表等 15 张天然气储量附表。

（2）静态储量评估。静态储量计算中最常用的方法是容积法，其实质是估算地下岩石孔隙中油气所占的体积，容积法计算中最核心就是含油气面积、有效厚度、有效孔隙度和含油气饱和度等参数的确定。基于储量评估准则的相关要求，系统提供了基于平面地质图件的虫洞剔除、面元劈分、含油气面积标定、龟背图、等值线自动绘制等储量工具，实现了含油气面积的自动标定以及有效厚度、有效孔隙度和含油气饱和度等储量参数的自动权衡方法，通过一键式成图及自动计算，实现储量的智能评估。

（3）类比采收率标定。针对未开发储量的可采储量计算，开发了类比油气藏法。如图 7.28 所示，系统建立了类比油气藏数据库，将历年典型油气藏的开发构造井位图、有效厚度等值线图、油层渗透率分布直方图、油层孔隙度分布直方图、油藏剖面图、典型评估曲线图、综合开采曲线图、类比油藏参数表及文字小结等"七图一表一文字"进行管理，构建起类比油气藏序列，通过目标油气藏与典型油气藏关键参数的类比，实现目标油气藏类比采收率的确定。

（4）动态储量预测。针对动态储量计算，系统根据储量单元不同时期的油藏规律，集成了递减曲线法、水驱曲线法和压降法，如图 7.29 所示。递减曲线法就是利用实际生产历史资料的生产规律和开发趋势，对过去生产动态趋势进行外推来估算产量、剩余生产期限和未来产量，是油田预测产量、评估储量的主要方法。系统提供了多种递减曲线类型，主要有指数递减、调和递减、双曲递减和衰竭递减，基于历史产量数据，方便地进行递减曲线拟合，计算递减率和剩余经济可采储量。

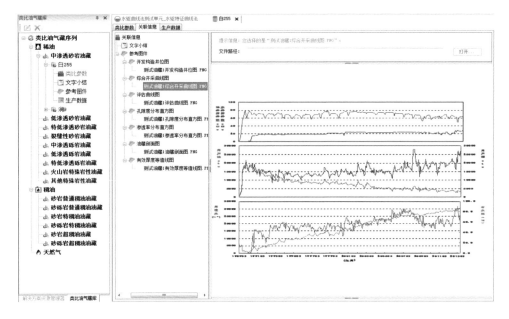

图 7.28　类比油气藏参数序列

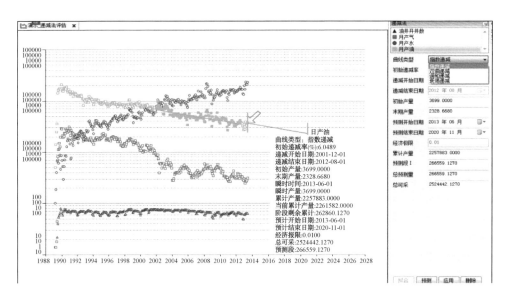

图 7.29　支持多种递减曲线进行产量预测

对采出程度大于 10% 的定容封闭性气藏，通过历史地层压力和累产气数据进行线性拟合，在拟合曲线上通过废弃地层压力数据得到油气藏总的累产气量，再结合已实际生产的产气量，进而推算出剩余可采储量，如图 7.30 所示。

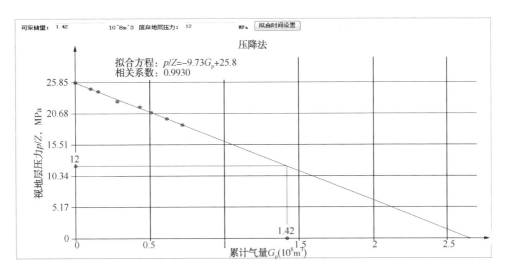

图 7.30　压降法拟合可采储量

7.4.2　储量管理

围绕储量资产数据，建立了储量全生命周期数据管理系统。储量全生命周期数据管理是在数字化平台工作库之上，结合钻井、录井、测井等专业数据库、股份公司各独立储量库、A2 数据库进行的综合管理与应用，改变了传统各储量数据库独立运行的孤岛模式，全面支撑了储量计算、储量审查、开发方案编制、产能建设、生产管理等各业务阶段对储量的数据应用需求，实现了储量从研究、审查到应用的全过程管理。

（1）三级储量管理。针对国内三级储量，系统对全油田（全气田）、单油（气）田历年新增、核减、累计储量数据以及每年度储量申报完成后形成的报告、PPT、储量图件、附件等成果文档，按照业务阶段和标准命名规范入库管理，提供了矢量图、统计图、数据表等多种展示方式。用户可对各年度储量按照储量级别、省县、层位等条件进行查询，直观了解油田公司三级储量现状，也可以通过储量变更图谱的方式直观查看储量单元历史演化过程。图谱贯穿于勘探、开发全过程，能对企业储量资产进行监控掌握。

此外，针对储量论证提供了在线储量成果审查和反馈交互功能，建立了年度计划、提交方案、工作进展、储量审查 4 个流程环节。年度计划和提交方案分析主要是反映了油田公司年初的储量预交方案，确定储量目标区域；工作进展为决策层和管理层提供了分析各月度储量目标区块勘探开发工作量进展情况以及储量落实情况功能，根据当前的实施情况，判断能否完成年初的储量任务目标；储量审查为决策层和管理层提供了年终储量成果申报预审功能，确定申报是否合理，对科研人员的成果提出修改调整意见，使管理层和科研人员能在平台进行交互反馈。

（2）SEC 储量管理。SEC 储量管理主要包括储量成果的统计、储量历程的追溯、储量实时动态的监控及关键业绩指标的分析、规范图表的输出等。针对年度扩边与新发现储量统计、PUD 存量统计、PD 存量统计及超 5 年预警，实现了对各类储量按单元（分公司、油/气田、评估单元、计算单元）、层位（界、系、统、群、组、段）、流体性质（石油、溶

图 7.31 储量成果多维统计

解气、天然气、凝析油)、开发状态(已开发、未开发)、上报年度的查询、统计及预警,如图 7.31 所示。

根据历年储量数据对油田公司、油田从接替率、储采比、采收率、开采寿命、资产折旧率、业绩指标完成情况等 6 个方面进行指标分析。针对 PUD 储量和 PD 储量,分别以矢量图形、数据、成果文档等多方式实现对评估单元历年储量变化历程的追溯,探查储量变化原因,为今后评估提供参考依据。

围绕储量开发现状,通过储量库与 RDMS 资源共享和有效调用,实现从含油气面积、钻井动态、试油试采动态三个方面对储量动态进行分析,辅助用户实时掌控油田开发现状。

同时以历年储量提交成果数据为基础,实现符合 SEC 准则要求的各类储量评估成果表的规范输出,有助于对年度储量变化情况进行全面分析。

7.5 矿权管理

油气矿权资源是石油企业生存与发展的基础,矿权管理作为一种如何合理实施油气矿权资源开发的决策手段,是管理和决策人员进行勘探、钻井、储量评价和油气生产的重要组成部分,也是对国家矿产资源可持续开发和利用的一种保护机制。矿权管理系统以中国石油矿权评价与管理系统数据库为基础,通过对矿权动静态资料进行跟踪分析,辅助开展日常矿权评价与管理工作。系统包含矿权基本信息、矿权年检信息、矿权评价与保护、矿业秩序 4 个模块。

7.5.1 矿权基本信息

按照行政区、盆地、管护区、勘探区带四个维度对矿权面积、个数进行统计,并以柱状图、饼状图、表格方式展示矿权现状,实现矿权许可证号、勘察单位、面积、有效期等基础信息的综合查询,如图 7.32 所示。建立矿权区块与单井关联关系,结合平面图联动方式,实现单井地质设计、钻井动态、有效厚度等动静态资料的查询展示,实时了解矿权内探井、评价井、开发井实施情况,为矿权管理工作提供快捷方便的数据查询渠道,提高了数据准备效率。搭建系统与邮件、腾讯通的消息互通桥梁,实现矿权到期三级预警提示功能,根据预先设置的预警级别,自动提取即将到期的矿权并向管理者发送预警信息,以便矿权管理人员超前运行申报资料编制。

7.5.2 矿权年检信息

系统提供对探矿权年检、采矿权年检、矿权缴费信息等数据的查询统计功能,通过柱状图、饼状图、表格、平面图联动的方式对探矿权投入情况、年检基础信息、勘查区内开采信息、未投入开发采矿权、矿权缴费信息等数据可视化展示,如图 7.33 所示。

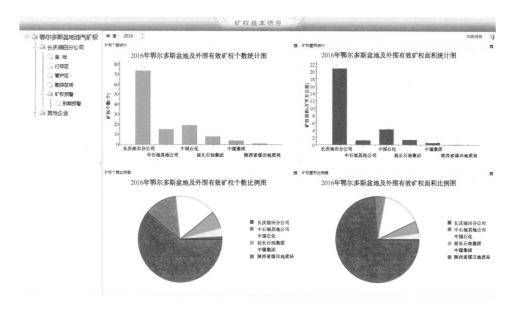

图 7.32　矿权基本信息

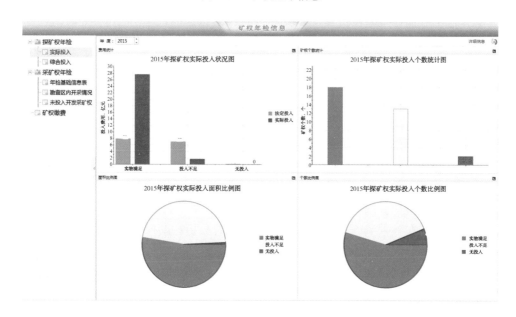

图 7.33　矿权年检信息

7.5.3　矿权评价与保护

矿权评价与保护分为矿权评价、矿权保护勘探两个模块。矿权评价采用直方图、表格、图表联动的方式，实现对地质单元评价和矿权区块综合评价的个数、面积、评价结果的查询统计及展示，方便详细了解各矿权评价参数及综合评价结果。矿权保护勘探包括勘探计划和部署两部分，按年度展示计划表及部署图。

7.5.4 矿业秩序

矿业秩序分为石油侵权井和重叠区管理两部分，实现油气侵权井叠加分析功能，即在矿权现状图批量叠加侵权井，分析侵权井所处的矿权以及相关地理位置等信息，提供历年非油气资源重叠区信息的查询功能，并可根据重叠区坐标自动绘制重叠范围，查询该重叠区内相关井信息。

矿权管理系统的应用实现了矿权管理各部门之间快速、高效的沟通，搭建了新型矿权数据数字化、可视化的管理模式，为矿权管理工作奠定了良好的工作和管理环境。

7.6 油气田经济评价

油气田企业是一个高投资、高风险行业，以追求利润最大化为生产经营的主要目标。油气田经济评价是指通过分析已开发油气田的生产、成本状况，从而对其效益状况进行分类评价，评价的目的是及时掌握油气田生产经营状况，为油气生产、成本控制、投资决策等提供依据。经济评价工作是适应中石油发展战略，提升油气田企业生产经营管理水平，降低成本，提高经济效益，科学合理开发利用资源的一项重要基础性工作。

系统按照中石油发布的评价细则，对评价时段内长庆油田 12 个采油单位已开发正在生产的油田(区块)和 6 个采气单位已投产并具有工业产量的气田(区块)进行分析评估，评价结果以报表形式提交上报并指导日常单井综合治理，现阶段评价时段为一年一次。由于油井和气井在开采方式、产量计量、税收制度等评价指标上的差异性，系统将油井和气井分模块单独评价，同时采油(气)厂和研究院的基础数据范围不同，系统按厂级和公司级两个层级划分评价层次。

(1)厂级经济评价。

传统经济评价工作相对独立，涉及规划计划、财务、生产管理、科研与生产多个部门，基础数据包括经济参数、油(气)田开发及成本、费用数据，岗位人员通常需要从各个职能部门手工搜集整理，如成本、费用数据在财务资产处，评价参数由规划计划处统一下发，单井相关数据在各采油(气)厂，数据审核、汇总分析在勘探开发研究院，数据搜集整理工作量较大，部分数据保密级别较高，往往需要多级审批才能拿到数据。

针对基础数据分散管理的现状，开发了参数管理、基础数据录入与评价、数据上报模块，支撑厂级经济评价工作。数据管理模块提供对评价相关参数及公共参数的定义与管理，全局共用，并支持个别参数按需修改。评价工作开始前，由公司业务主管部门统一下发评价单元、区块信息及油气价格、税费等经济指标数据，采油气厂根据下发的评价单元、区块信息，收集、整理并录入单井、区块、评价单元的产量、含水、储量等数据，系统按照《中国石油勘探与生产分公司已开发油气田经济评价细则》，程序化分摊细则及评价计算过程，自动将厂级、作业区、场站等成本费用分摊到单井，评价计算后，快速生成厂级经济评价报表，经审核确认后，通过系统上报提交基础数据。

(2)公司级经济评价。

经济评价工作涉及部门、岗位、人员多，基础数据来源于采油气厂不同业务部门，对全油田、气田数据的核对及分析工作由勘探开发研究院油(气)田开发室完成，跨部门间协同效率低，数据校验工作量大。公司级经济评价除了开展全油田或者全气田的经济评价外，最主要的工作就是要对各个采油气厂提交的基础数据进行审核，评估费用数据分摊是否合理，厂级评价结果是否符合各个厂实际，如图 7.34 所示。

图 7.34　公司级效益评价结果查看模板

系统通过分别建立油田单井经济评价和气田单井经济评价协同工作小组，为跨部门、跨岗位间沟通交流搭建信息传输通道，方便各岗位人员针对同一课题发表见解、讨论交流，形成自组织经济评价工作团队。研究院油气田开发室从数据闭合性、完整性、合理性等方面分别对各采油气厂提交的基础数据进行审核，审核通过后，系统自动进行汇总计算，分别生成公司级油气田经济评价报表，完成公司级经济评价工作。

（3）多层级多维度效益分析。

经济评价的目的是以投入和产出的关系反映油气田生产经营状况，从而指导油气田生产井的管理。系统运用"数据+模板"快速成图技术，在线生成各类分析图表，从单井、区块、评价单元不同层面，以及投产年份、综合含水、油气藏类型等不同维度，对产量、成本、利润等评价要素进行对比评价。

油气田经济评价系统从基础数据源入手，规范采油(气)厂各岗位数据入库标准，统一表样式、内容及要求，理顺从收集—提交—审核—汇总的数据采集链路，减少因数据质量问题引起的结果偏差，做到从源头上把控数据质量，进一步优化了工作流程。同时，在规范业务流程的基础上，各岗位人员通过参与评价过程，了解评价结果，反向验证数据合理性，提升评价结果。评价结果采取同期对比、相似区块对比等分析方法，与生产管理、经营成本控制等充分结合，达到经济评价向上拓展、向下延伸的精细化管理要求。

7.7　项目后评价

项目后评价是对投资项目的前期决策、实施、生产运营等过程，以及项目目标、投资效益、影响与持续性等方面进行的综合分析和系统评价，是投资项目闭环管理的重要环节，是完善投资监管体系、改善投资决策和管理、提升投资质量和效益的重要手段。

自 2009 年以来，油田公司每年开展简化后评价、处理大量的项目后评价信息，由于缺乏必要的技术手段和信息系统支持，导致大量的项目统计数据无法有效使用，未能做到评价结果的深化应用。为了对项目后评价信息进行有序管理，同时建立畅通快捷的信息反馈机制，及时将相关成果和信息反馈到相关部门(单位)，促进油田公司项目管理更加独立、客观、科学、公正，提升后评价工作质量，为后评价成果的有效应用提供支持，开发了项目后评价系统。

项目后评价系统通过项目数据在线收集、完成率跟踪以及多维度统计分析，建立从任务下达—数据填报—审核流转—进度跟踪—汇总评价的项目管理机制，确保项目数据的时效性、准确性和完整性，促进评价结果的深化应用。评价对象包括长庆油田分公司年度业务发展投资计划表中的所有已完成项目，分别参照《集团公司投资管理手册》《集团公司后评价管理分册》《长庆油田公司投资管理手册》《集团公司建设项目经济评价参数》等评价依据，自动生成后评价分析报表，为公司后评价工作提供技术支撑。

(1) 建立项目模板库。

众所周知，每年开展后评价的项目数量多，按照项目建设内容划分，大致可分为油(气)勘探、油(气)开发建设、气田评价、安全投资、地下储气库、非安装设备购置、环保投资、加工制造投资、节能、科研、通信、信息化、一般建设、油库建设等 16 类项目类型，按照油田公司项目后评价工作要求，项目实施单位需要根据项目类型按照标准模板填报项目数据，且每年开展工作前，公司主管部门需要根据实际，统一更新模板中部分数据项的计算公式及参数，并集中下发。

针对项目数据模板每年需要更新的现状，建立项目模板库，按照项目类型和更新时间对项目模板版本进行管理，只需更新模板报表中嵌套的 Excel 相应单元格计算公式，或更新单元格内容后，自动生成新版本保存，如图 7.35 所示。

图 7.35　项目后评价模板编辑

（2）项目创建与管理。

项目管理人员确定当年评价项目，通过系统录入当年评价项目的基本信息，确定评价范围，系统分别按项目类型、投资年度自动生成项目树。同时，为了与 ERP 系统中的项目编码兼容，项目创建时预留 WBS 编码和项目定义编码。

（3）项目数据填报与审核。

项目实施单位按照模板填报后评价项目数据信息，其中油气田开发建设项目涉及产能建设、地质开发、成本管理及经济评价多部门多岗位数据，系统实现数据填报行级控制，各岗位只能录入本岗位数据，其他岗位数据只能查看，无法修改。

数据录入完成后，由各单位规划计划科进行数据初审，确保项目数据合理性和完整性，数据初审通过后自动流转到本单位主管领导进行项目审核，再经公司机关业务职能部门审查后，统一上报规划计划处，流程如图 7.36 所示。

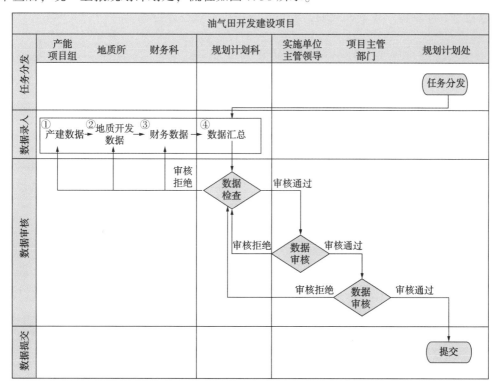

图 7.36　油气田开发建设项目数据审核流程图

（4）项目进度跟踪。

为相互督促各单位间项目数据提交进度，系统开发了项目进度跟踪功能，当完成本岗位任务，当前节点提示为绿色，未完成时节点显示为红色，跟踪表以项目数据提交的时间倒序排列，所有节点均为绿色表示该项目数据填报与审核工作已全部完成，并已流转至规划计划处汇总分析。

（5）项目合并评价。

集团(股份)公司通常以整个油(气)田为单元下达投资计划，而油田公司需要按行政管理单元分解下发，开展后评价工作时，各单位负责填报本厂项目数据，规划计划处则需合并评估。系统采用与 ERP 系统相一致项目编码(WBS 编码),作为项目唯一识别码,同时建立"父子"项目之间关联关系,便于合并计算。

(6)项目全过程效益评估。

目前集团公司后评价方法将勘探项目和开发项目、开发项目和配套项目分开评价,开发项目评价未考虑前期勘探投入和沉没成本以及配套投资,导致评价结果偏高。同样地,单年度投资未考虑措施井和弥补递减投资对产量稳定的影响,评价结果不能真实反映整体投资效果。

(7)统计分析。

项目后评价的统计分析内容包括:①差异性分析。针对油气田产建项目,按照项目二级小类,分别统计产建验收与部署、实际与部署、实际与验收数据的差异性,并结合实际情况分析具体原因。②投资效益分析。针对油气田产建项目,分别统计各个项目生产期的内部收益率、净现值、投资回收期,进行油气田投资效益分析。

第8章 RDMS应用成效与展望

按照边建设、边应用、边完善的思路，RDMS 从控制性工程开发到全面建成，已稳定运行超过 8 年，促进和带动了整个油田科研系统技术和管理人员思维方式、工作方式、管理方式的重大转变，形成了数字化油气藏研究与决策工作模式，工作专业化、部门化、指挥链等向扁平化方向发展，组织结构从"科层制—直线职能制—事业部制"到"工作团队—矩阵制—虚拟组织"的一系列演变。一体化、协同化、实时化、可视化的油气藏研究与决策支持系统，搭建了油田企业级"大科研"环境平台，实现了跨学科、跨部门、跨地域的协同研究与决策。

8.1 RDMS 应用成效

数字化油气藏研究与决策是以油气藏研究为主线，以勘探、评价、开发和生产等业务为驱动，依托可靠、高效的远程自动化工具、先进的数据模型、统一的数据标准以及可视化系统建立起来的一体化研究和协同决策平台，将研究人员、管理人员和生产现场人员链接起来，实现实时地、不受地域限制地进行油气藏描述、表征、决策和管理。主要应用成效体现在以下 4 个方面：

（1）建成了盆地级数据服务中心，首次实现了油田勘探开发数据资源的集中统一管理。

基于中国石油天然气股份有限公司 EPDM2.0 模型，结合长庆油田业务特点和应用需求，与现有专业数据库模型进行对比、精简及扩展，制订了长庆油田权威的勘探开发数据字典，首次建立了一套完整的油气藏数据模型（CQRDM 1.0）。通过设计数据集成、数据访问、数据迁移、同步更新等多项规则和流程，应用触发器、DBLink 等技术，整合集成油田公司 18 类基础数据库，数据量达到 121968 口井、4.6 亿多条记录、15TB 容量。搭建实时数据传输通道：生产建设实时报表系统按照意向井位、钻前、钻井、录井、测井、试油气、交井、投产投注等现场作业节点开发报表实时数据通道；针对岩心物性分析、录井、动态监测等由外部单位产生的数据源，开发 RDMS 外部数据采集端，规范数据通道，实现结构化入库管理；开发水平井远程监控系统、测井传输平台，实现了对大块体数据的实时、及时采集传输。

新建研究成果数据库，分地质图件类、综合成果类、决策报表类、方案设计类和项目文档类，对分散在科研人员个人手中的 400 多万份成果进行标准化管理。建立地质露头数据库，收集整理露头宏观剖面、地层岩性、沉积构造、古生物等资料，再现宏观区域地质格局，中观岩石组构、沉积机理、成岩现象，微观镜下矿物构成、孔隙结构等各类成果。建成全尺寸薄片图像库，应用最新 ICT 及智能图像处理技术，完成中生界 406 张典型铸体薄片全尺寸图像采集、分析处理、拼接融合，实现超高分辨率图像的在线展示，克服了以往薄片照片只能展示局部特征的局限性。建立单井主数据库并开展单井资料存量盘查，全面完成长庆油田 12247 口探评井、92987 口开发井的 29 项基本信息的收集、整理及入库管理。

数据采集与管理，按照"谁产生、谁录入、谁负责"的原则，建立了数字化条件下的新型岗位责任制和数据管理责任体系，在系统中量化目标、量化任务、量化考核，实现数据采集、加工和应用在 RDMS 平台线上的流转和统一管理。单井原始数据由钻井、录井、试油气等工程技术服务单位通过统一的数据采集系统录入单井各类原始数据，研究成果数据由"两院、两所、生产建设项目组"技术人员在线实时归档岗位产生的各类成果数据。数据监控与考核依据公司下发的《长庆油田分公司数字化油气藏研究与决策支持系统（RDMS）运行维护管理办法》，应用数据公报及数据透明化管理系统，形成"日监控、月报表、季盘库、年考核"工作机制，确保数据正常化。

（2）搭建了企业级协同共享平台，大幅度提高了科研工作效率和质量。

RDMS 系统开发应用互联网+思想，采用了松耦合的软件开发技术，按照"高内聚低耦合"的软件设计思想，将专业软件、业务、数据资源形成一种线上紧密，线下松散（不同部门、不同业务）的关联模式，功能模块采用了多层热插拔式体系架构，进行模块化定制与封装，实现系统各个模块之间相互独立，可在线装配与卸载，使得系统整体性能不受单个模块影响，从而提高系统的稳定性。以流程再造理论为指导，对油气藏研究与决策模式进行再设计，力求在成本、质量、服务和速度等方面获得进一步的改善。项目实施前期，按照业务流与数据流统一的目标，分专业领域开展了油气藏勘探开发业务梳理，对油气藏研究过程中的业务内容、工作流程、岗位节点进行标准化描述，并对岗位节点的输入输出数据结构、数据流向、数据存储等内容进行规范。

按照长庆油田"两院、两所"油藏地质科研支撑体系，定制开发了油气预探、油藏评价、地球物理、油气田开发、试油气压裂、钻采工艺等专业领域的 29 个主题业务研究环境，形成了一体化的油藏研究环境。结合油气勘探开发过程中的方案部署论证、生产动态分析、重点工程监控、油藏生产管理等决策主题，开发了勘探开发部署论证、油气藏动态分析、油气藏专题管理和远程监控 4 大类 16 个决策支持系统，形成了较为完整的油气田勘探、开发业务决策支持环境，实现了在油田内部网络条件下的油气藏在线分析与协同决策，改变了以往部署方案论证、随钻分析、油藏动态分析需提前准备大量资料进行会议汇报的工作模式。通过图元钻取、模式化论证等技术，实现了单井、区块数据的高效组织，研究人员可快速获取井位论证所需的资料；通过多层系、多类型图件的同步技术，研究人员可类比、对比各类油气藏信息进行综合研究；通过部署井信息智能化获取技术，减少了多个人工干预的油气藏信息判读步骤；这些功能的实现，有效避免了以往低效的数据准备和重复劳动，使科研人员将更多的时间和精力投入到创新性研究中。

（3）促进了科研生产良性互动，加快了科技成果转化。

以规范的业务流程、标准的数据存储、高效的网络通信为基础，在数据、成果与业务之间建立逻辑关联，及时采集、按需处理、快速传递各类油气藏业务及研究数据，以工业化流水线模式开展各项研究工作。总之，数字化油气藏研究与决策组织模式是管理和技术融合、人机合一的新型组织模式，管理思想通过数字化手段固化为标准的流程，从而实现管理的科学化和规范化；信息系统提供的企业内外部集成信息、知识库、数据挖掘技术等，为管理者做出合理决策奠定了科学基础，使科学决策更易于实现。

系统以单井全生命周期理念为核心，按照意向井位、钻前、钻井、录井、测井、试油、投产投注等现场作业节点开发实时数据采集作业链，通过数据继承、批量更新、文档解析等技术，最大程度减少录入工作量，快速生成生产现场、研究部门以及职能管理部门所需的160多张报表，对动态数据的结构化管理，使后端科研与决策可以及时了解现场井钻井、录井、试油等作业动态，支撑生产运行跟踪与动态分析，达到了现场数据传递畅通、系统分析数据可靠、分析结果直观表达。同时以研究岗位为核心，建立了数据推送、地质图件导航、模型工具在线分析、成果知识继承共享等数据组织应用模式。

（4）促进了科研组织模式创新与变革，从部门制、项目制向网络化、自组织演进。

数字化油气藏研究与决策支持系统（RDMS）通过随时随地的数据服务避免了低效的数据准备和重复劳动，使研究人员投入更多的时间和精力用于创新性工作，平台构建的数字化科研管理模式（图8.1），克服了传统职能管理模式和项目管理模式的局限性，做到了纵向贯通、横向共享，形成了一种以网络化、工业化、智能化为主要特征的新型油气藏研究与决策模式。

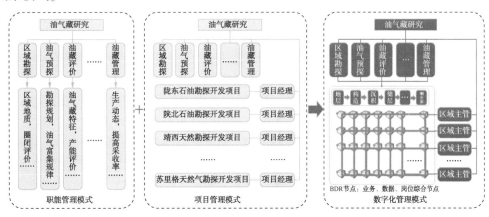

图 8.1　数字化科研管理模式示意图

网络化：就是改变孤岛式、小作坊式的油藏研究模式，利用网络化平台，使全油田所有科研人员在同一个平台上开展工作，实现跨部门、跨学科、跨地域科研人员之间的协同与共享，实现人与人的互联、人与机器的互联，让陌生人之间也能开展有效合作。

工业化：就是把现代工业制造的流程引入油田的生产性研究中，在标准化的基础上，通过数据加工、岗位研究、综合集成几个环节，实现流程化研究模式。工业化体现不同专业岗位之间的分工与合作，通过分工把专业工作做精、做细、做深，通过共享和协同提高效率，实现质量和效率同步提高。

智能化：就是在数字化的基础上，通过智能化分析模型、知识库与模型库构建油气藏决策过程与方法，实施数据驱动和数据服务，充分"活化"数据，让数据发挥主观能动性，更加智能地促进对油气藏的准确判断和科学决策。

8.2 智能化油田展望

随着信息技术的飞速发展及其应用的普及扩散，其对经济社会的影响日益广泛、深入持久。信息已成为全球范围内推动经济发展和社会变革的主要力量，成为国家竞争力的战略重点和制高点。尤其是步入 21 世纪的第二个 10 年，全球信息化进入了一个新的阶段，技术发展日新月异，创新应用不断涌现，以更快的速度推进着生产力的发展，促进生产关系的变革，正在重塑全球的政治、经济、社会、文化、科技乃至于军事格局。世界主要国家和地区围绕着云计算、大数据、智能制造、网络安全等领域展开了新一轮的博弈和竞争，信息化发展水平已经成为衡量上至国家、下到企业核心竞争力的一个重要因素。党的十八届五中全会、"十三五"规划纲要更是在实施网络强国战略、"互联网+"行动计划、大数据战略等方面做出部署，对以信息化推动创新发展、转变经济发展方式、调整经济结构提出新的更高要求。中国信息化的发展进入了一个新的历史阶段，其内涵更加丰富，在社会经济发展中发挥的支撑引领作用将会越来越大。

石油石化行业是关系国家经济命脉、保障国家能源安全的重要行业，其信息化发展既是企业提升效率、创新发展、创造价值的重要手段，也是体现国家信息化整体水平的一个重要标志。经过石油石化行业广大信息化工作者多年持续不断的努力，信息技术已在行业内各业务领域得到广泛深入的应用，信息化建设已经成为各大骨干企业转型发展、提质增效不可或缺的能力和手段。

油气藏数据的集成共享和实时传输，企业业务和经营信息的高度集成化和深度分析以及信息分析的智能化和自动化，所有这些使得数字化管理比传统管理机制实时性更强、范围更广、深度更大，使得油田企业的资源配置更为快捷和有效。此外，将数字化与劳动组织优化相结合，使组织设置与生产布局相统一，数字化控制与生产指挥相统一，形成了信息化与工业化"两化融合"背景下与数字化油气藏建设相适应的新型经营管理模式。随着管理模式、信息技术及生产工艺技术的快速发展和大数据时代的到来，当前的数字化油气藏经营管理模式正在向智能化方向发展，具体表现在：

（1）数据建设转向数据的深层次应用。

随着物联网技术和大数据技术的融合，实现油田生产过程数据全方位、全生命周期监测分析已成为可能，将这些数据有效地利用起来，让数据为生产实时监测和生产趋势预测做指导，将极大地发挥数据的潜在价值。通过对数据的深度学习，利用数据挖掘技术实现油田生产最优管理将成为未来智能油田发展的一个主要方向。例如，通过数据挖掘对油田数据库内多维数据进行分析，实现更多生产状态的定量研究，实现定量化生产。又如，通过多维数据分析，可验证油田管理各节点的数据质量，定量化描述各专业工作中生产状态变化的原因，从而实现油田最优管理。

（2）数字油田转向知识、智慧的油田。

建设智慧油气田本质上是一场管理的变革，要进一步应用新型传感器、智能终端、工业数据链、4G/5G、APN、IPV6等技术完善全域数据源头采集，实现生产全面感知、全流程监控，将过去逐级转达的生产信息反馈方式转变为源头采集、集中共享、智能诊断的方式，提高信息反馈效率和数据、信息的准确性、完整性，避免信息失真或缺损。通过建立统一数据库、统一云平台，将目前闭环运行的诸多自控系统、智能装备、独立应用系统等按业务相关性有机耦合起来，实现数据互通、业务协同、高效运行。突出生产经营一体化、地面地下一体化、甲乙方一体化、前后方一体化，人财物资源区域共享、整合运营，进一步提高运营效率效益。结合具体业务场景，深入研究"场景、样本、算法"三个关键问题，应用机器学习、神经网络、图像识别等智能化技术将海量数据深度治理、集成整合、综合应用，尤其在智能油藏动态建模与跟踪模拟、非常规油气压裂裂缝模拟和生产优化等方面加大研发力度，支撑国内油气勘探开发力度大力提升。

（3）油气藏场景式研究。

随着虚拟现实（Virtual Reality，VR）、增强现实（Augmented Reality，AR）、混合现实（Mixed Reality，MR）等技术的应用，人们希望通过在虚拟环境中引入现实场景信息，在虚拟世界、现实世界和用户之间搭起一个交互反馈的信息回路，以增强用户体验的真实感。在油气藏场景时代，研究油气藏将在高度精细化与可视化以及身临其境的条件下进行，研究油气藏将在二维平面/剖面和三维立体空间可视化中进行。研究人员希望身临其境地走入油气藏中，看到的不仅仅是砂体、构造和断层等，而是希望看到油气水的运移以及生产中油气水的变化与路径。如透明油田的建设、数字孪生等均属于油气藏场景式研究的范畴。

总之，在完善的油田数据应用体系、优化的决策分析模型、体系化的生产管理知识库、数据知识的充分共享等支持下，未来油田将朝着生产流程自动化、系统应用一体化、生产指挥可视化、分析决策科学化等方向发展。

8.3 认识与体会

智能数字油藏建设是一项需要在实践中不断探索和完善的系统工程，本书作者作为项目主要负责人和建设者，亲历了RDMS系统开发与应用近10年的艰辛历程，深刻体会到：理念创新、顶层设计、一把手推动是项目得以实施的关键；业务主导、资源整合、技术集成是最有效的建设模式；目标引领、价值驱动是系统持续完善的恒久动力；清晰定位、不绝对化是信息化建设的科学态度。

（1）要始终坚持"以用户为中心"的建设宗旨。任何信息系统建设的目的都是要为业务提供支持，脱离了业务的信息系统就成了无源之水、无本之木，过去建成的很多系统都因为对用户需求把握不好，仅仅根据领导的一些想法或理念去实施，指挥建设的人往往不是最终用户，脱离实际需求，这样的系统建成之日也就是废弃之时，项目验收结束就再也无人问津了。RDMS建设始终坚持以用户需求和体验为中心，把满足用户需求作为最终目标，从细节入手，从岗位开始调研，做了大量的原型开发，反复讨论，几经波折甚至于推倒重来，才有了今天用户的口碑和认可，这绝不是一句空话。

（2）要把数据建设作为基础性工程。有人说信息化是"三分技术、七分管理、十二分数据"，充分说明了数据的重要性。数据的完整性、准确性、及时性、规范性是信息系统有效运行的前提。要牢固树立"油田数据是资源、是资产"，"数据公有"和"共建共享"的理念，把数据工作作为勘探开发的一项基础工程，从管理、技术、制度等方面采取有力措施，实现数据的科学管理；要坚持建设与治理并重，做到盘活存量、实时增量、补录缺量，达到全面正常化。

（3）要发扬工匠精神，走产品化发展之路。RDMS 不是普通的专题性管理或应用系统，而是一个高度综合、涉及海量数据资源、多学科集成的企业级大型一体化油气藏研究与决策支持系统，开发过程不可能一蹴而就，要有"十年磨一剑"的信念，把 RDMS 作为一个产品，坚持以用促建、建用相长，积极跟进信息化前沿技术和需求的变化，用全生命周期的理念，持续推进系统升级和优化完善。

（4）要加大信息化业务骨干和专家人才培养。在信息时代，软件开发和数据的采集、传输、管理、挖掘与应用已经成为一门综合性很强的工程技术学科，技术更新发展速度很快，需要加强油田业务和信息化复合型人才的培养。在油田企业，信息化属于非主体专业，从事的大多是幕后工作，员工工作价值主要体现在服务基层用户上，台前亮相的机会比较少，对这部分人才更要关心爱护，给他们成长成才搭建舞台，尊重他们的劳动成果，保持技术研发和支撑团队的相对稳定。

参 考 文 献

陈欢庆，石成方，胡海燕，等，2017. 低油价下精细油藏描述研究的思考与对策[J]. 地质科技情报，36
（5）：85-91.

陈强，王宏琳，2002. 数字油田：集成油田的数据、信息、软件和知识[J]. 石油地球勘探，37（1）：
90-96.

陈辛，2011. 自组织团队绩效管理研究[D]. 南京：南京大学.

陈新发，曾颖，2013. 开启智能油田[M]. 北京：科学出版社.

陈新发，曾颖，李清辉，2008. 数字油田建设与实践——新疆油田信息化建设[M]. 北京：石油工业出
版社.

邓向明，崔平正，骆伟，2005. 油田地面工程中数字化设计的应用[J]. 新疆石油天然气（1）：87-88,
98-104.

樊超，2018. 实现油藏研究成果的数字化管理[J]. 信息系统工程（2）：56-57.

范海军，姚军，2009. 数字油藏地理数据库设计与应用[J]. 石油工业计算机应用（4）：5-9.

冯宇，姬蕊，邓展飞，等，2010. 长庆油田地面系统数字化设计[J]. 石油工程建设（1）：89-91, 13.

高志亮，2011. 数字油田在中国——理论、实践与发展[M]. 北京：科学出版社.

高志亮，2013. 数字油田在中国——油田物联网技术与进展[M]. 北京：科学出版社.

韩文学，王瑞英，许晓宏，2011. 精细油藏描述数字化系统[J]. 科技信息（18）：14-15.

郝丽风，章仁俊，叶彩霞，2009. 自组织团队建设：实现组织控制与创新的协同[J]. 中国人力资源开发
（1）：6-9.

何李鹏，冯亚军，齐涛，2011. 数字化建设在油田站场管理中的应用[J]. 产业与科技论坛（11）：
229-230.

姬蕊，冯宇，杨世海，2010. 长庆油田地面系统数字化设计研究[J]. 石油规划设计（4）：36-38, 52.

贾爱林，程立华，2010. 数字化精细油藏描述程序方法[J]. 石油勘探与开发（6）：709-715.

敬兴龙，马晓军，谈建平，等，2013. 油田单井数字化建设方案与智能化发展方向探讨[J]. 石油化工自
动化（5）：49-51.

李东旭，2011. 高清智能在数字化油田的应用[J]. 中国安防（3）：70-72.

李克，邢智伟，2012. 物联网技术构建数字化油田[J]. 信息系统工程（8）：18, 21.

李伟忠，刘明新，2009. 数字油田、数字油藏与数字盆地特征分析[J]. 大庆石油学院学报（1）：8-
11, 119.

梁政，邓雄，钟功祥，2004. 油田地面数字化管理系统研究[J]. 石油规划设计（3）：11-13, 48.

刘希俭，2008. 中国石油信息化管理[M]. 北京：石油工业出版社.

吕琼莹，刘晗，王晓博，等，2011. 国内外数字化油田发展战略与技术途径[J]. 长春理工大学学报
（10）：182-183.

沐峻丞，檀朝东，黄晶涛，等，2010. 运用物联网技术构建数字化油田[J]. 中国石油和化工（9）：
53-55.

裴润有，王亚新，2013. 数字化技术在华庆超低渗透油田的应用研究[J]. 信息系统工程（1）：89-91.

彭越，2014. 基于物联网技术的油田数字化建设[J]. 油气田地面工程（4）：61-62.

邱栋，吴秋明，2015. 科技创新平台的跨平台资源集成研究[J]. 自然辩证法研究（4）：99-104.

任新，李磊，庄美琦，2014. 虚拟化应用与智能油田建设[J]. 信息系统工程（5）：126-127, 129.

商淑秀，张再生，2013. 建设项目虚拟团队知识共享过程和共生演化分析[J]. 商业经济（23）：77-
78, 88.

盛振江，2011. 基于协同效应的组织团队建设[J]. 科学管理研究（1）：79-81，105.

石军辉，李晓平，张烈辉，等，2005. 三层 B/S 结构的数字化油田系统解决方案[J]. 数字化工（12）：41-44.

谭锋奇，李洪奇，许长福，等，2012. 基于聚类分析方法的砾岩油藏储层类型划分[J]. 地球物理学进展（1）：246-254.

田军庆，高辉，2002. 浅谈"数字油田"的建立[J]. 油气田地面工程，21（4）：133-134.

王福民，张精明，2007. 3S 技术在数字化油田建设中的应用[J]. 物探装备（S1）：19-24.

王宏琳，2001. 石油勘探开发信息化[M]. 北京：石油工业出版社.

王权，2003. 大庆油田有限责任公司数字油田模式与发展战略研究[D]. 天津：天津大学.

王权，杨斌，张万里，2004. 数字油田及其基本架构[J]. 油气田地面工程（12）：47-48.

王森香，2018. 数字化油藏建设探讨[J]. 化学工程与装备（11）：135-136.

王珊，萨师煊，2014. 数据库系统概论[M]. 北京：高等教育出版社.

王同良，2006. 石油信息技术发展[M]. 北京：石油工业出版社.

王学东，2011. 虚拟团队知识共享机理与实证研究[D]. 武汉：武汉大学.

王重鸣，唐宁玉，2006. 虚拟团队研究：回顾、分析和展望[J]. 科学学研究（1）：117-124.

魏波，汤军，2008. 基于 GIS 的油田数字化管道的实现[J]. 石油工业计算机应用（1）：42-44，66.

魏海生，刘杨，ZigBee，2012. 在油田数字化建设中的应用[J]. 自动化博览（9）：72-74.

徐杰锋，2005. 胜利油田建设数字油田的实践探索[J]. 经济问题（8）：32-34.

杨华，石玉江，王娟，等，2015. 油气藏研究与决策一体化信息平台的构建与应用[J]. 中国石油勘探（5）：1-8.

杨世海，高玉龙，郑光荣，等，2011. 长庆油田数字化管理建设探索与实践[J]. 石油工业技术监督（5）：1-4.

姚立，刘洪，Olson Ed，2003. 自组织团队的建设[J]. 系统辩证学学报（4）：66-72.

张朝阳，王艳，2011. 长庆油田数字化的建设实践[J]. 油气田地面工程（2）：3-5.

张军华，钟磊，王新红，等，2007. 数字油田要素分析、建设现状及发展展望[J]. 勘探地球物理进展（1）：25-29，11.

张亚顺，2013. 基于物联网技术的数字化油田[J]. 信息系统工程（6）：24-25.

张宇，2015. 信息环境下智能油田的构建[J]. 油气田地面工程（9）：17-18.

张跃，彭吉友，刘新华，2014. 数字化油田建设现状及面临的挑战[J]. 中国设备工程（3）：36-38.

张允，姚军，2007. 数字油藏中知识发现方法研究[J]. 微计算机信息，23（24）：260-262.

郑飞，闫苏斌，张会森，2012. 长庆油田井场和增压站数字化监控系统[J]. 石油工程建设（5）：39-42，3.

中国石化信息化水平获评央企第一[EB/OL]. http：//www. sinopecgroup. com/xwzx/gsyw/Pages/20100112. aspx，2010-01-12.

中海油与 SAP 联手实施 IT 建设目标[EB/OL]. http：//www. cnooc. com. cn/news. php？id = 210705. 2004-12-21.

庄号，于小龙，马向，2014. 长庆油田的数字化应用及发展趋势[J]. 中国高新技术企业（21）：24-25.